高等院校动画专业规划教材

3D
ANIMATION
TECHNIQUES

三维
动画技法
（第三版）

刘配团 李铁 王帆 李文杰 编著

清华大学出版社
北京

内 容 简 介

  3ds Max 2016 是 Autodesk 公司推出的面向个人计算机的中型三维动画制作软件。本书通过一系列精心设计的实例,详细介绍了 3ds Max 2016 中的三维动画技法,全书共分 7 章,内容包括:三维动画概论、动画控制、骨骼与蒙皮、角色表情动画、角色肢体动画、反应器动力学动画和运动捕捉。编写时注重理论联系实际,把三维动画编辑过程中最常用的技法重点讲清楚,力争使读者在学完本书后能举一反三,独立完成专业的动画编辑任务。

  本书适用于动画及数字媒体专业的研究生、本科生以及三维动画制作爱好者阅读和自学,也可以作为动画及数字媒体专业人士的参考书。

图书在版编目(CIP)数据

三维动画技法/刘配团等编著. —3 版. —北京:清华大学出版社,2018(2023.1重印)
(高等院校动画专业规划教材)
ISBN 978-7-302-51091-8

Ⅰ.①三… Ⅱ.①刘… Ⅲ.①三维动画软件-高等学校-教材 Ⅳ.①TP391.414

中国版本图书馆 CIP 数据核字(2018)第 195632 号

责任编辑:刘向威
封面设计:文 静
责任校对:徐俊伟
责任印制:宋 林

出版发行:清华大学出版社
    网 址:http://www.tup.com.cn,http://www.wqbook.com
    地 址:北京清华大学学研大厦 A 座   **邮 编**:100084
    社 总 机:010-83470000   **邮 购**:010-62786544
    投稿与读者服务:010-62776969,c-service@tup.tsinghua.edu.cn
    质量反馈:010-62772015,zhiliang@tup.tsinghua.edu.cn
    课件下载:http://www.tup.com.cn,010-83470236
印 装 者:北京博海升彩色印刷有限公司
经 销:全国新华书店
开 本:185mm×260mm   **印 张**:16.5   **字 数**:464 千字
版 次:2007 年 6 月第 3 版 2018 年 10 月第 3 版   **印 次**:2023 年 1 月第 3 次印刷
印 数:2001~2500
定 价:79.00 元

产品编号:076977-01

前 言

动画是一项具有光明前景的产业，存在着巨大的发展潜力和广阔的市场空间，当前国家也在大力发展动画产业，在政策、投资、技术、教育等多个方面都提供了有力的支持。

动画产业的发展离不开人才的培养，在动画产业飞速发展的今天，国内的动画教育也在走向一个大发展的新时期。然而，在新的历史时期，中国的动画艺术要再现《大闹天宫》《哪吒闹海》《三个和尚》的辉煌，却并非易事。单就动画人才培养而言，新技术、新意识形态、新艺术表现形式、新商业动画制片模式等都给动画教育提出了新的课题。

为此，由天津市品牌专业、天津市优势特色专业——天津工业大学动画专业牵头，在多所高校和专家组的参与下，对动画教育的办学理念、人才培养目标、教学模式、学科建设、课程体系、教学内容等方面不断进行改革和创新的研究，并在多年教学积累与实践经验基础上，吸收国内外动画创作和教育成果，组织编写了本套教材。在教材的编写过程中，作者注重理论与实践相结合、动画艺术与技术相结合，并结合动画创作的具体实例进行深入分析，强调可操作性和理论的系统性，在突出实用性的同时，力求文字浅显易懂、活泼生动。

动画编辑是三维动画制作流程中的重要环节，在该制作环节中，三维动画设计师的身份如同传统动画中的画师，负责创建每个动画序列起点和终点的关键帧，而三维动画软件就如同传统动画中的动画师，负责创建两个关键帧之间的插补帧。3ds Max 2016 是 Autodesk 公司推出的著名三维动画制作软件，在用户界面、建模特性、材质特性、动画特性、高级灯光、渲染特性等方面性能卓越。3ds Max 2016 是三维动画编辑首选的利器，利用动画控制器、骨骼、动力学等工具，提高了三维动画编辑的效率和质量。

本书通过一系列精心设计的实例，详细讲述了 3ds Max 2016 中的三维动画技法，主要内容包括动画控制、骨骼与蒙皮、角色表情动画、角色肢体动画、反应器动力学动画和运动捕捉；详尽介绍了运动捕捉的完整过程及如何利用捕捉到的数据控制角色的动画过程，运动捕捉的内容是本书的特色，也是其他同类教材所不具备的。

衷心希望本套教材能够为我国培养优秀动画人才，实现动画王国中"中国学派"的复兴尽一点绵薄之力。

编　者
2018 年 5 月

Contents 目 录

第1章　三维动画概论

本章1.1节概述了三维动画的原理,并通过一个实例介绍了如何设置动画关键帧,计算机如何对动画过程进行自动插补计算;1.2节详细讲述了在3ds Max 2016中可以进行动画指定的参数项目;1.3节介绍了3ds Max 2016中动画控制工具的种类和功能;1.4节讲述了动力学模拟的原理。

1.1　三维动画原理

动画基于人类视觉阈限的原理,即在观看一系列快速连续放映的静态图像时,前一张画面的视觉残像会叠加到下一张画面上,人们就会感觉到这是一个连续的运动,如图1-1所示,每一个单独图像称之为帧(frame)。

三维动画同样依据上面所述的动画形成原理。下面就通过一个具体的实例,讲述三维动画制作软件(3ds Max 2016)的动画制作原理。

首先在标准几何体创建命令面板中单击Sphere(球体)按钮,在场景中单击并拖动鼠标创建一个球体,如图1-2所示。

在界面底部确定当前处于第0帧的时间位置,单击Auto Key(自动设定关键帧)按钮,进入动画关键帧的编辑模式,单击 🔑 设置关键点按钮在当前创建位置设定一个动画关键帧,如图1-3所示。

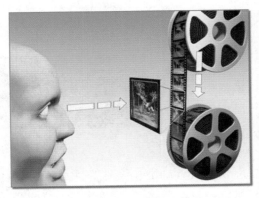

图1-1　动画形成原理

将时间滑块拖动到第19帧的位置,在主工具栏中单击 ✥ 移动工具按钮,将球体移动到如图1-4所示的位置,3ds Max 将自动设定一个位置动画关键帧。

将时间滑块拖动到第38帧的位置,在主工具栏中单击 ✥ 移动工具按钮,将球体移动到如图1-5所示的位置,3ds Max 将再次自动设定一个位置动画关键帧。

单击界面右下角的 ▶ 播放按钮,可以观察到球体在0~38帧的时间段内生成了位置移动的动画效果。

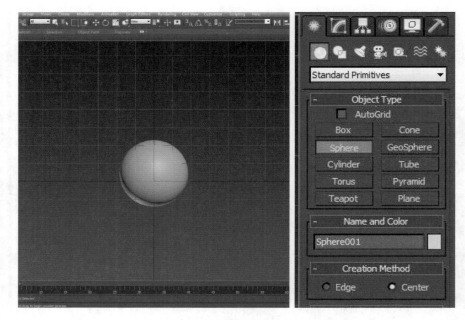

图 1-2　创建球体

图 1-3　设定位置动画关键帧

图 1-4　创建位置动画关键帧

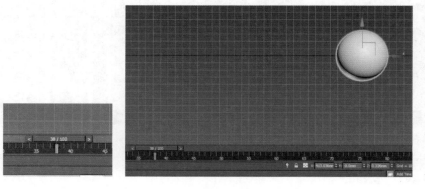

图 1-5　创建位置动画关键帧

单击界面左下角的 ![图标]动画曲线编辑器按钮打开动画曲线编辑器,在其中可以观察到球体包含了 3 条动画曲线,绿色的是 Y 轴坐标的位置动画曲线,红色的是 X 轴坐标的位置动画曲线,蓝色的是 Z 轴坐标的位置动画曲线,如图 1-6 所示,每条动画曲线上都包含 3 个动画关键帧。

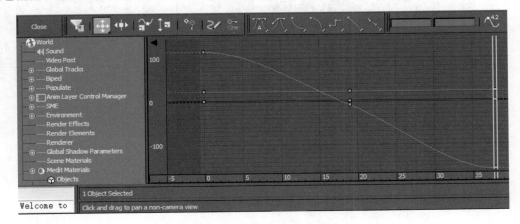

图 1-6 打开动画曲线编辑器

在 X 轴动画曲线的第二个关键帧上右击,弹出关键帧信息窗口,在其中可以观察到在 18 时间点,X 轴的坐标参数值为 220.895,如图 1-7 所示。

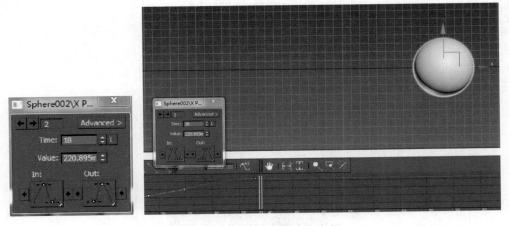

图 1-7 18 时间点的关键帧信息

在 X 轴动画曲线的第三个关键帧上右击,在关键帧信息窗口中可以观察到在 38 时间点,X 轴的坐标参数值为 426.955,如图 1-8 所示。

在这两个时间点之间,坐标参数是线性变化的,如果在 0~19 帧之间需要插入 18 个动画帧,用 0~19 帧之间坐标参数的变化量 220.895,除以 18 个等分时间点,就可以推算出在第 1,2,3,…,18 这些时间点中 X 轴的实际坐标值,中间的这些时间点坐标参数值是由 3ds Max 自动计算出来的。

同样在 19~38 帧之间需要插入 19 个动画帧,用 19~38 帧之间坐标参数的变化量 206.06,除以 19 个等分时间点,就可以推算出在第 20,21,22,…,38 这些时间点中 X 轴的实际坐标值。

由此可见,三维动画设计师充当了传统动画中原画师的身份,负责创建每个动画序列起点

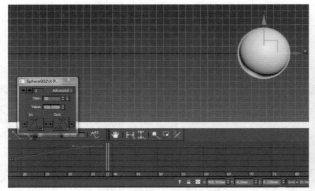

图 1-8　38 时间点的关键帧信息

和终点的关键帧(key frame),而三维动画软件 3ds
Max 充当了传统动画中动画师的身份,创建两个关
键帧之间的插补帧(in between)。图 1-9 中,1 和 2
就是动画角色的两个关键帧状态,中间状态是计算
机自动插补的。

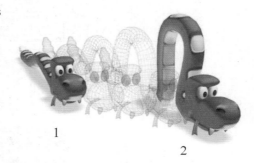

图 1-9　关键状态与插补状态

在上面所举的例子中,从动画曲线可以观察
到,两个关键帧之间是依据线性变化进行插值计算
的,在关键帧信息窗口中可以指定多种插值计算的
方式,如图 1-10 所示,在弹出的插值方式中,第二
种就是线性插值方式。其他插值方式可以创建诸
如加速、减速、保持等动画效果,如图 1-11 所示。

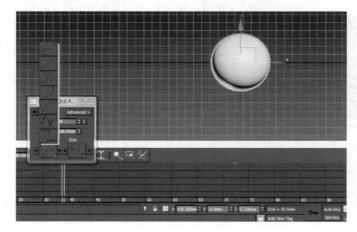

图 1-10　指定动画插值方式

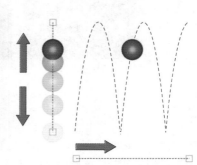

图 1-11　减速插值方式

3ds Max 几乎可以为场景中的任意参数创建动画,如设置修改编辑器参数的动画、材质参数
的动画等。如图 1-12 所示,为球体指定色彩变换的动画效果,实际是 R、G、B 三个色彩参数在不
同的时间点发生变化,用两个色彩参数关键帧之间参数变化量除以时间间隔,同样可以推算出
中间插补帧的色彩参数值。

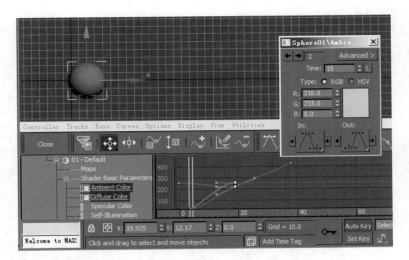

图 1-12 色彩变换动画原理

3ds Max 是一个基于时间的动画程序,它测量时间,并存储动画参数值,内部计算精度为 1/4800s。

1.2 动画参数

选择 Graph Editors→Track View-Dope Sheet(图形编辑器→轨迹视图-关键帧列表)命令,打开如图 1-13 所示的 Track View-Dope Sheet 窗口。

Track View(轨迹视图)是 3ds Max 的总体控制窗口和动画编辑的中心,在其动画项目列表中结构清晰地列出了场景中全部对象的层级结构,如图 1-14 所示,以及场景中所有可以进行动画设置的参数项目。

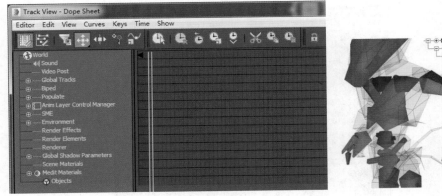

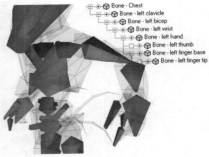

图 1-13 Track View 窗口   图 1-14 对象的层级结构

在项目层级中 World(世界)是层级的最高部分,用于控制整个场景的动画,在它下面的次级层级用于分别控制场景中不同的可动画项目,每个项目之下还有次一级的动画项目,由此可见 3ds Max 中"无处不动"的特点。

注意:选择对象项目名称左侧的图形标记后,可以在场景中快速选择该对象。

在轨迹视图的动画项目列表中,World 是层级结构的最高根级项目,用于控制整个场景的动画轨迹，默认在编辑窗口中的世界轨迹隐藏在时间标尺的下面，将时间标尺拖动到编辑窗口的下方，可以显示 World 轨迹滑杆，在 World 项目之下包含以下子项目。

Sound(声音)：在该项目下，可以使用一个声音文件或音频节拍器为场景动画同步配音，如果选择了一个声音文件，在编辑窗口中显示声音文件的波形图，如图 1-15 所示。在声音轨迹上右击，从弹出的快捷菜单中选择 Properties(属性)命令，可以打开 ProSound(声音选项)窗口，在该窗口中可以导入声音文件，控制声音文件的播放。

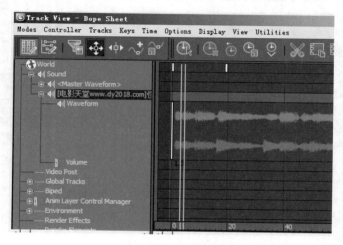

图 1-15　声音文件的波形图

Global Tracks(通用轨迹)：用于存储通用的动画控制器，例如使用表达式动画控制器，可以指向其他轨迹的动画控制器，改变通用轨迹中的表达式，其他轨迹中的动画控制器会随之改变。默认在通用轨迹项目中包含不同动画控制器类型的列表轨迹，可以为其中包含的每个轨迹指定动画控制器，如图 1-16 所示。

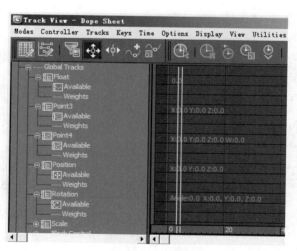

图 1-16　Global 动画轨迹

Video Post(视频合成)：用于管理视频合成编辑器中的可动画参数项目。

Anim layer control manager(动画层控制管理器)：这是骨骼系统的动画层管理项目。

Environment（环境）：用于管理环境编辑器中的可动画参数项目，包含背景动画参数，环境灯光动画参数，环境效果动画参数。

Render Effects（渲染效果）：用于管理效果编辑器中的可动画参数项目。

Render Elements（渲染元素）：用于管理在 Render Scene（渲染场景）窗口的 Render Elements（渲染元素）项目中指定的场景分离渲染元素。

Renderer（渲染器）：用于管理渲染器中的可动画参数项目，在渲染窗口中选择一种类型的抗锯齿处理后，在该轨迹项目中可以为抗锯齿参数指定动画。

Global Shadow Parameters（通用阴影参数）：在灯光对象修改编辑命令面板的 Shadow Parameters（阴影参数）项目中选择 Use Global Settings Parameter（使用通用设置参数）选项后，可以在该轨迹中为场景所有灯光的通用阴影参数指定动画，如图 1-17 所示，该项目包含 Map Size（贴图尺寸）、Map Range（贴图范围）、Map Bias（贴图偏斜）、Absolute Bias（绝对偏斜）。

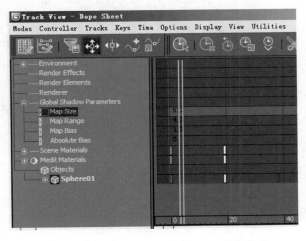

图 1-17　Global Shadow Parameters 动画轨迹

Scene Materials（场景材质）：包含所有已经指定到场景中的材质，可以管理这些材质的可动画参数项目，如图 1-18 所示。

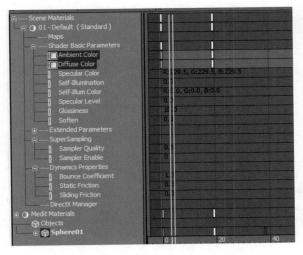

图 1-18　Scene Materials 动画轨迹

Medit Materials(编辑器材质)：包含在材质编辑器 24 个示例窗口中的所有材质，这些材质不一定被指定到场景中的对象之上，可以管理这些材质的可动画参数项目。

Objects(对象)：包含场景中的所有对象，用于管理场景对象的所有可动画参数项目。包含对象创建参数、动画控制器参数、贴图参数、材质参数、集成参数、修改编辑参数，对于不同的参数类型，在左侧显示不同的图标，如图 1-19 所示。

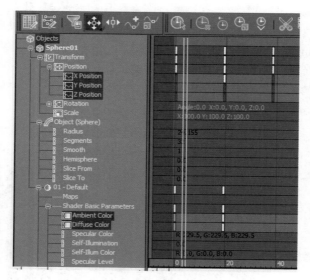

图 1-19　对象参数动画轨迹

Biped(两足生物)：是 Character Studio(CS)中用于控制两足角色动画的参数设置项目，是一种用足迹结合关键帧来控制角色动画的系统。在 CS 中有三部分用于控制 Biped 参数，即创建命令面板、运动命令面板和轨迹视图。

依据在场景中创建对象使用的动画控制插件的不同，轨迹视图的动画项目列表会有所不同。从上面参数动画轨迹的讲述中可以看出，在 3ds Max 中存在"无所不动"的灵活动画编辑特性。

1.3　动画控制工具

除了可以手工指定动画关键帧，3ds Max 还提供了许多功能强大的动画控制工具，可以依据动画设计师对动画属性的设定，自动设置动画关键帧和插补帧，这时三维动画设计师更像是一位执行导演。

1．动画控制器

动画控制器可用于约束或控制对象在场景中的动画过程，其主要作用为：存储动画关键帧的数值；存储动画设置；指定动画关键帧之间的插值计算方式。

动画控制器为设置场景中所有对象和材质的动画提供强有力的工具。例如，不但可以设置场景中对象位置的关键帧，还可以使对象沿着"路径"约束的样条曲线运动，如图 1-20 所示，或者移动到使用"音频"控制器的音乐节拍上。还可以通过"列表控制器"合并多个动画控制器。

2．轨迹视图

在轨迹视图的动画项目列表中，结构清晰地列出了场景中全部对象的层级结构，以及场景

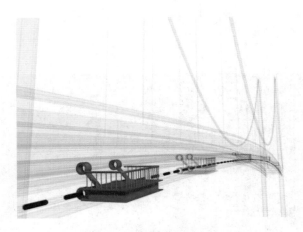

图 1-20　路径约束动画控制器

中所有可以进行动画设置的参数项目；在轨迹视图中可以像在运动命令面板中一样，为每个可动画项目指定动画控制器；还可以精确编辑动画的时间范围、关键点与动画曲线；为动画增加配音，并使声音节拍与动作同步对齐。

3. 骨骼

骨骼系统是骨骼对象的一个有关节的层级链接，如图 1-21 所示，常用于设置具有连续皮肤网格角色模型的动画。可以采用正向运动学或反向运动学为骨骼设置动画，对于反向运动学，骨骼可以使用任何可用的 IK（Inverse Kinematics，反向运动）解算器。

图 1-21　骨骼系统

4. 动力学

在 Reactor 中集成了 Havok 公司先进的 physical simulation（物理模拟）技术，该技术可以依据指定的物理属性，自动为场景中的对象提供动态环境下的动画效果。物理模拟技术完全依据真实世界中的物理法则,如牛顿运动定理,在时间进展的过程中自动计算对象的运动状态。利用 Wind 反应器动力学计算可以在场景中创建风的效果,自动模拟出微风吹动窗帘的动画,如图 1-22 所示。

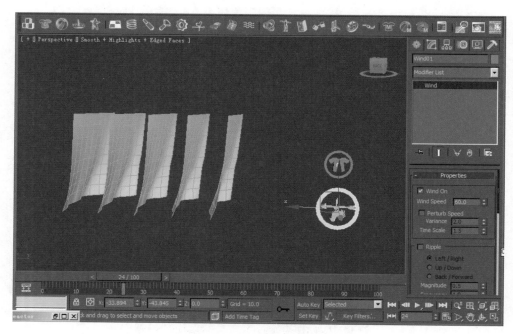

图 1-22　自动模拟出微风吹动窗帘的动画

5. 运动捕捉

利用运动捕捉系统,表演者负责根据剧情做出各种动作和表情,运动捕捉系统将这些动作和表情捕捉并记录下来,然后通过动画软件,用这些动作和表情驱动三维角色模型,角色模型就能做出与表演者一样的动作和表情,并生成最终所见的动画序列,如图 1-23 所示。动作捕捉的任务是检测和记录表演者的肢体在三维空间的运动轨迹,捕捉表演者的动作,并将其转化为数字化的"抽象运动"。运动捕捉的对象不仅仅是表演者的动作,还可以包括物体的运动、表演者的表情、相机及灯光的运动等。

图 1-23　运动捕捉

1.4　动力学模拟

就像电影中的连续运动画面是由一系列的静止画面构成一样,每一静止画面都记录了对象在一个瞬间的运动状态。物理模拟技术将时间分离成一个个运动瞬间,然后对每一个瞬间的运动状态进行自动计算,所有这些运动瞬间的累积效应产生了顺序、连续和可信的运动。

与传统的关键帧动画不同,在传统动画编辑过程中,动画设计师需要指定一系列关键帧,而动力学模拟则依据对象的物理属性设定整个动画过程,极大地减轻了动画设计师的工作量。例如,现在不需要在创建碰撞碎裂动画的过程中,手动设置每一单块碎片的动画属性,如图 1-24 所示;也不需要在创建角色动画过程中手动设定每一块骨头的动画属性;同样不需要在创建面料动画过程中手动设定网格面上每一个节点的动画属性。

图 1-24　运动瞬间

在一个物理模拟中,物理的属性(质量和弹性)被分配到一个场景中的所有对象上。然后外力(如重力或风力)就会作用于这些对象,导致加速运动或限制运动。

从所有上面的讲述可以看出,物理动力可以计算一系列连续状态,这些运动状态在以后的动画过程中都可以显现出来(如果进行实时动画编辑,计算的速度应当足够快),还可以将这些运动状态转换为动画关键帧。

3ds Max 中的动力学模拟主要可以执行三项基本任务:

(1) Collision Detection(碰撞侦测):追踪场景中所有对象的运动,并侦测哪些对象之间发生了碰撞。

(2) Update System(更新系统):当侦测到场景中的对象发生碰撞之后,依据对象的物理属性和场景中的所有其他对象,以及施加在对象上的外部动力,决定碰撞的响应结果。

(3) Interface with Application(程序界面):一旦决定了一个对象的新位置或运动状态,通常要将物理模拟的结果显示在一个三维窗口中,或者将这些运动状态以动画关键帧的形式存储在场景文件中。

注意:物理动力不能处理被模拟对象的显示状态,它只是依据对象的物理属性对其运动状态和交互作用进行模拟,然后根据以上模拟的信息创建对象的显示结果。

以上介绍了物理模拟是如何为创建对象一系列连续演进的状态(例如运动中的对象在碰撞发生后的一系列反应)。下面接着讨论如何将这些状态映射为一系列的捕捉点,然后再利用这些捕捉点创建动画。

在设计三维动画游戏的过程中,通常希望以 60 次/s 的刷新频率显示整个动画场景。并且,在创建动画的过程中,希望为每个动画帧存储运动状态(创建关键帧)。在 60 次/s 的刷新频率下,每秒要创建 60 个动画关键帧,这也就意味着物理动力必须以 1/60s 作为时间间隔模拟对象的运动状态,同时还要确定外部动力对当前对象的影响。

下面以炮弹模拟的弹道轨迹为例,以 60Hz(1Hz = 1 帧/s)的刷新频率描绘炮弹的运动轨迹,如图 1-25 所示。

先要知道炮弹的初始位置,它的速度和加速度,以及它的重量和当前环境的状态(空气阻力、风力和重力),然后就可以使用物理动力模拟炮弹的运动状态了。再经过一段运动时间后,炮弹的上升速度由于重力的原因逐渐减慢下来,在忽略空气阻力的情况下,炮弹就会沿着经典的抛物线落到地面上。

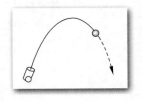

图 1-25　炮弹弹道轨迹

在某一个特定的时间点,可以检测炮弹的运动状态(即其速度 v 和加速度 a),如果知道对象还受哪些外部动力的作用,就可以在一段时间后(假设这段时间为 h 秒)判定对象的实际空间位置。确定对象的运动状态受到以下因素的影响:

(1) 首先假设炮弹的运动符合牛顿的运动定律(排除相对论和量子论的空间尺度)。

(2) 还要假设在 h 秒运动周期内,所有作用在炮弹上的外部动力是恒定不变的(空气阻力、风力和重力在运动周期内不改变)。

(3) 最后要假设用于确定对象新位置的数学计算足够精确。

在以上假设均成立的情况下,就可以检测在这一运动周期内炮弹运动的模拟结果是否精确。

因为一般情况下物理模拟计算是在真实空间的尺度下进行的,所以遵守的是牛顿的机械运动定律,可以描述当前对象在外力影响下的运动状态。科学家已经知道,在无穷大(宇宙行星的比例)或无穷小(微观量子的比例)的空间尺度下,牛顿的运动定律就不再适用了,新的物理系统已经确定了在宏观和微观尺度下对象运动所遵循的规律,如相对论和量子论。

在通常情况下,作用于对象的外部动力很少是恒定的,一般情况下,特定地点的重力参数是恒定不变的,但是大多数其他外部动力,如风力和空气阻力等却是不断变化的。在模拟炮弹弹道曲线运动过程中,假设炮弹要经过一个具有风力的空气层,炮弹穿越这个空气层之后,其运动方向和运动速率会发生改变,如图 1-26 所示。

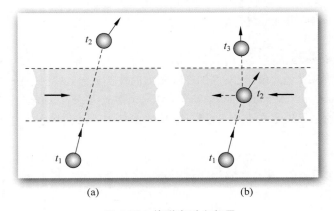

(a)　　　　　　　　　　(b)

图 1-26　炮弹穿过空气层

在图 1-26(a) 的运动模拟过程中，根据作用于炮弹在 t_1 时间点状态的外部动力，计算出 1s 后炮弹在 t_2 时间点的运动状态（位置和速度），在这一时段内，假定作用于炮弹的外部风力恒定不变。当炮弹运动一段时间后，就会脱离该空气层。

在图 1-26(b) 的运动模拟过程中，使用 0.5s 作为时间间隔，在这样的情况下，可以计算出炮弹在多风的空气层中间位置（t_2 时间点）的运动状态，在这一区域中风力使炮弹的运动状态发生了改变，影响到了炮弹在 t_3 时间点的运动模拟计算（风的阻力减小了炮弹的运动速度）。

从上面的实例可以看出，采用比较小的时间间隔可以获得更为精确的运动计算结果。可以将 t 时间间隔平分为 n 份，则每一份时间间隔为 t/n，因此原则上可以根据作用在对象上所有外部动力的属性，在比较小的时间间隔内计算对象的运动状态（位置和速度），然后就可以将这一系列的状态计算结果作为运动状态的捕捉点，如图 1-27 所示。

采用较小的时间间隔虽然可以获得更为精确的运动计算结果，但是模拟过程（确定对象位置和速度的计算过程）也会变得复杂，数学计算量也大为增加。

当物理动力确定场景中所有对象新的位置后，就可以利用计算的结果更新场景中对象的显示。一般情况下只需要 60 次/s 的显示更新速度，这是因为一般实时三维动画游戏就是采用 60Hz 的屏幕刷新频率，创建一般的三维动画片 FPS（Frames Per Second）也采用 60Hz。这就意味着要将物理动力的计算间隔设置为 1/60s，

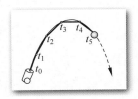

图 1-27　运动状态捕捉点

大多数情况下将时间间隔设置为 1/60s 不会有问题，但对于一些外部动力比较复杂的场景动画，想要获得更精确的动画模拟结果，就要指定更小一些的时间间隔。例如将时间间隔设置为 1/120s，这样每秒就会产生两倍数量的帧画面。

在 3ds Max 2016 中，反应器将场景中的对象分为 Rigid Bodies（刚体）和 Deformable Bodies（软体）两种类型。在动力学可模拟的对象中，大多数是刚体对象，这些对象在整个动画模拟过程中都不会改变其原始形状，如一只钢笔或一块从山上滚落下来的石头。在实时状态下，刚体对象的运动模拟速度要快很多。

软体对象主要用于模拟一些在运动过程中可变形的对象，如织物、绳索等对象。对于软体对象，碰撞侦测就变得比较复杂，甚至软体对象自身的不同部位之间都可能会产生碰撞。基于以上的原因，软体对象的运动模拟速度要慢很多。

习题

1-1　什么是动画关键帧？什么是动画插补帧？

1-2　在 3ds Max 中包含哪几种类型的动画参数？

1-3　3ds Max 提供了哪些功能强大的动画控制工具？请概述它们各自的功能。

1-4　请概述动力学模拟的原理。

第2章　动画控制

本章首先介绍了运动命令面板的组成,然后介绍了动画控制器的指定方法;PRS Parameters 栏的基础功能关键帧的基础信息和高级信息讲述了轨迹视图的结构和功能,最后通过精心设计的动画控制实例,详细介绍了动画控制器和轨迹视图的使用技巧。

2.1　运动命令面板

运动命令面板用于配合 Track View(轨迹视图)精确控制选定对象的动画过程,还可以为动画过程指定动画控制器。单击  运动选项卡进入 3ds Max 的运动命令面板,如图 2-1 所示,其中包含 Parameters(参数)和 Trajectories(轨迹)两个设置按钮。

图 2-1　运动命令面板

2.1.1　参数编辑模式

在运动命令面板中单击 Parameters 按钮,显示出的参数设置项目如图 2-2 所示。

其中主要包含 Assign Controller(指定动画控制器)、PRS Parameters(位置/旋转/缩放参数)、Position XYZ Parameters(位置坐标参数)、Key Info(Basic)(关键帧基础信息)和 Key Info(Advanced)(关键帧高级信息)卷展栏。

另外,一旦为对象指定了动画控制器,动画控制器的参数设置卷展栏就会出现在运动命令面板中,例如,为一个对象的位置轨迹指定了路径动画控制器,Path Parameters(路径参数)卷展栏就会出现在运动命令面板中,如图 2-3 所示。

图 2-2　参数设置项目

图 2-3　动画控制器的路径参数卷展栏

1．Assign Controller（指定动画控制器）卷展栏

指定动画控制器卷展栏可以为当前选定的对象指定或添加动画控制器，也可以在轨迹视图中以同样的方式指定或添加动画控制器。动画控制器是一种外挂插件类型，可用于精确控制对象的动画过程。

指定动画控制器卷展栏如图2-4所示。

在动画轨迹的列表中选定一个动画参数轨迹后，单击 Assign Controller（指定动画控制器）按钮，弹出指定动画控制器窗口，如图2-5所示，可以为当前选定的动画参数轨迹指定动画控制器。如果没有选定动画轨迹， 按钮呈灰色不激活的状态。

图 2-4　指定动画控制器卷展栏

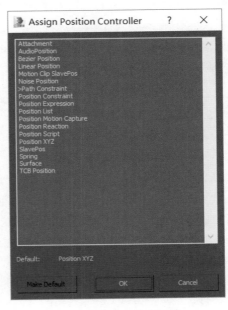

图 2-5　指定动画控制器窗口

在指定动画控制器窗口的列表中可以为当前选定的动画参数轨迹指定一个动画控制器。依据当前选定的不同参数轨迹类型，列表中会显示不同的可选用动画控制器类型，例如位置动画控制器只能被指定到对象的位置动画轨迹之上。

2．PRS Parameters（位置/旋转/缩放参数）卷展栏

PRS（Position/ Rotation/Scale）参数卷展栏如图2-6所示，用于创建或删除变换动画关键帧，该参数项目基于三种基本变换动画控制：位置、旋转和缩放。

Create Key（创建关键帧）项目用于在当前时间点创建位置、旋转和缩放动画关键帧，例如将时间滑块拖动到一个时间点，单击 Position 按钮，则在该时间点创建一个位置动画关键帧。如果一个特定的（位置/旋转/缩放）动画控制器不使用关键帧，在 Create Key 项目中的按钮呈灰色的不激活状态，例如使用 Noise Position（噪波位置）动画控制器就不需要创建位置关键帧。

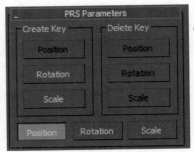

图 2-6　位置/旋转/缩放参数卷展栏

Delete Key(删除关键帧)项目用于删除当前时间点中存在的关键帧,这些删除关键帧按钮会依据当前时间点的不同关键帧类型,呈激活或不激活状态。例如在当前时间点存在一个缩放关键帧,在创建关键帧选项中创建缩放关键帧按钮呈不激活状态,而在删除关键帧选项中删除缩放关键帧按钮呈激活状态,同时删除位置和删除旋转关键帧按钮呈不激活状态。

Position/Rotation/Scale(位置/旋转/缩放)三个按钮,用于确定在 Key Info(关键帧信息)卷展栏中显示的内容。

3. Key Info（Basic）（关键帧基础信息）卷展栏

Key Info（Basic）卷展栏如图 2-7 所示,在该卷展栏中可以为当前选定的一个或多个关键帧指定运动参数、动画时间点和插值方式等。

关键帧号码项目用于显示当前时间点的关键帧编号,单击左向箭头可以移动到前一关键帧,单击右向箭头可以移动到下一关键帧。

Time(时间点)项目用于指定当前关键帧所处的时间点。 L 锁定时间点按钮用于防止在轨迹视图编辑模式下关键帧的水平移动。

Value(数值)项目用于调整选定对象在当前关键帧的动画参数。

图 2-7　关键帧基础信息卷展栏

关键帧切线类型下拉按钮用于设定关键帧 In(入点)和 Out(出点)的插值属性,可以指定以下切线类型:

Smooth(光滑)类型可以为当前关键帧创建一个光滑的插值效果。

Linear(线性)类型可以为当前关键帧创建一个线性的插值效果,线性的切线只影响靠近关键帧的曲线,如果要在两个关键帧之间创建完全的直线插值效果,则前一关键帧的出点切线和当前关键帧的入点切线都要设定为线性的。

Step(步进)类型可以在两个关键帧之间创建二元的插值效果,这种切线方式要求两个关键帧之间要有相匹配的切线方式,如果将当前关键帧的入点切线设定为步进方式,则前一关键帧的出点切线自动转变为步进方式;如果将当前关键帧的出点切线设定为步进方式,则下一关键帧的入点切线自动转变为步进方式。

选择步进方式的切线后,当前关键帧的出点数值会一直保持,当到达下一关键帧时,数值突然变化为下一关键帧指定的数值。使用这种切线方式可以创建开关动画或瞬间变化动画的效果。

Slow(减速)类型:将入点切线指定为减速方式,可以创建当接近关键帧时,插值速率减慢的效果;如果将出点切线指定为减速方式,可以创建刚离开关键帧速度比较慢,远离关键帧后逐渐加速的效果。

Fast(加速)类型:将入点切线指定为加速方式,可以创建当接近关键帧时,插值速率加快的效果;如果将出点切线指定为加速方式,可以创建刚离开关键帧速度比较快,远离关键帧后逐渐减速的效果。

Custom(用户设定)类型:在关键帧的功能曲线上显示可调节的切线控制手柄,通过控制手柄可以调整关键帧两侧切线的形态。

Flat Tangent(展平切线)类型:在关键帧的功能曲线上显示可调节的切线控制手柄,手柄色彩与 Custom 模式不同,手柄自动进行光滑的展平切线控制。

在关键帧切线类型下拉按钮左右两侧各有一个方向箭头,它们是 Tangent Copy buttons(切线复制按钮),用于将当前关键帧的切线类型复制到前一关键帧或后一关键帧。入点左侧的箭头,将当前关键帧入点切线类型复制为前一关键帧的出点切线类型;入点右侧的箭头,将当前关键帧入点切线类型复制为出点切线类型;出点左侧的箭头,将当前关键帧出点切线类型复制为入点切线类型;出点右侧的箭头,将当前关键帧出点切线类型复制为下一关键帧的入点切线类型。

4．Key Info（Advanced）（关键帧高级信息）卷展栏

关键帧高级信息卷展栏如图 2-8 所示。

In(入点)区域指定当参数变化接近关键帧时的变化速率;Out(出点)区域指定当参数变化离开关键帧时的变化速率。这些选项只有在使用用户定义切线类型时才被激活。

如果关键帧入点和出点使用用户定义切线类型,则单击 锁定按钮之后,入点与出点数值的绝对值相等,符号相反。例如单击锁定按钮之后,如果入点数值设定为0.85,则出点数值为－0.85。

图 2-8　关键帧高级信息卷展栏

单击 Normalize Time(规格化时间)按钮,将选定时间范围内的关键帧,平均分布到整个时间范围内,关键帧之间的时间间隔是相等的。该按钮常用于反复加速启动、减速停止的对象,可以光滑出点运动的效果。

Free Handle(自由手柄)选项用于自动更新切线手柄的长度,取消选择该选项后,当移动关键帧时,切线手柄长度与邻近关键帧保持固定的百分比率;当选择该选项时,切线手柄长度基于时间段的长度。

2.1.2　轨迹编辑模式

单击运动命令面板的 Trajectories 按钮,对象的运动轨迹显示在视图中,如图 2-9 所示,轨迹上黄色的小点表示关键帧,在关键帧次级结构层级下,可以在空间中移动轨迹关键帧的位置,也可以改变关键帧的属性,以此方式可以精确调整对象的运动轨迹。

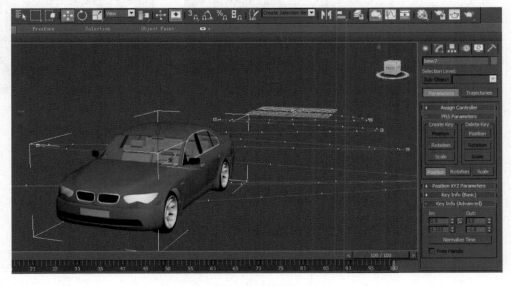

图 2-9　运动轨迹

17

在该编辑模式下可以执行以下操作：显示对象空间运动的轨迹曲线；在路径上加入或删除关键帧；移动、旋转或缩放路径上的关键帧；将路径转变为样条曲线；将样条曲线转变为新的路径；塌陷变换函数。

注意：在显示命令面板的 Display Properties(显示属性)卷展栏或对象属性对话窗口中，可以控制对象运动轨迹的显示，如图 2-10 所示。

轨迹编辑模式的参数设置卷展栏如图 2-11 所示。

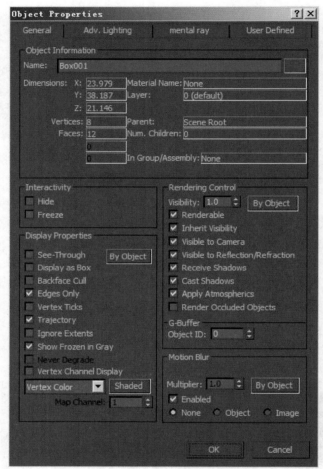

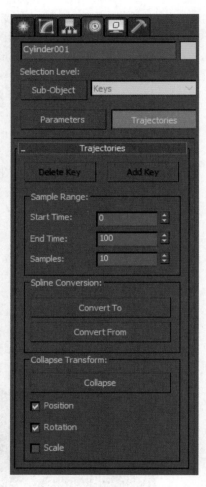

图 2-10　设置对象的显示属性　　　　　　　　　　　图 2-11　轨迹卷展栏

单击 Sub-Object(次级结构对象)按钮后就处于 Keys(关键帧)的次级结构编辑层级，可以使用主工具栏中的移动、旋转、缩放变换工具，变换当前选定的关键帧。

单击 Delete Key(删除关键帧)按钮可以删除在轨迹上选定的关键帧。

单击 Add Key(加入关键帧)按钮可以在轨迹曲线上加入多个关键帧，再次单击该按钮退出加入关键帧模式。

在 Sample Range(采样范围)项目中，Start Time/End Time(开始时间/结束时间)用于指定动画过程的变化区段，如果将位置关键帧轨迹转变为样条曲线，开始/结束时间就指定采样的时间范围；如果将样条曲线转变为位置关键帧轨迹，开始/结束时间就指定加入关键帧的时间区段。

Samples(采样)参数用于指定转化过程的采样数量,如果将位置关键帧轨迹转变为样条曲线,采样数量决定生成控制点的数量；如果将样条曲线转变为位置关键帧轨迹,采样数量决定生成的关键帧数量。

在 Spline Conversion(样条曲线转换)项目中,单击 Convert To(转换为)按钮,将位置关键帧轨迹转变为样条曲线。单击 Convert From(转换从)按钮,将样条曲线转变为位置关键帧轨迹。

注意：Convert From 按钮可用于指定一个对象沿一条路径曲线运动,而不必指定路径动画控制器。

Collapse Transform(塌陷变换)项目,可以将对象上的任何动画控制器塌陷为可编辑的变换关键点。单击 Collapse(塌陷)按钮,塌陷选定对象的动画控制器。Position、Rotation、Scale(位置、旋转、缩放)选项用于指定哪一种变换类型要被塌陷,在使用塌陷按钮之前,最少要选择一个选项。

2.2　动画控制器

动画控制器可用于约束或控制对象在场景中的动画过程,其主要作用为：存储动画关键帧的数值；存储动画设置；指定动画关键帧之间的插值计算方式。

只有对象或对象参数进行了动画指定之后,才能为动画过程指定动画控制器,3ds Max 会自动依据对象或对象参数的动画类型指定默认的动画控制器,也可以用其他类型的动画控制器替代默认的动画控制器。

1. 3ds Max 中动画控制器的五种不同类型

（1）Animation Controller(动画控制器)：可以为场景中对象的运动动画和材质动画提供强有力的控制,例如利用路径控制器可以使对象沿着路径曲线移动；利用音频控制器可以使对象依据背景音乐的节拍运动；利用列表控制器可以合成多个动画控制器的控制过程。

（2）Special-Case Controller(特殊情景控制器)：特殊情景控制器由程序依据当前创建的动画过程自动指定,不能通过指定动画控制器命令手动指定。

（3）Barycentric Morph Controller(质心变形控制器)：可以通过选择标准几何体创建命令面板中的 Morph(变形)合成对象,为当前选定的对象指定质心变形控制器。

（4）Master Point Controller(主点控制器)：当为可编辑网格、可编辑样条、可编辑面片、NURBS 对象、FFD 修改编辑器的次级结构节点、控制点指定动画时,程序自动为这些次级结构点的动画过程指定主点控制器。

（5）Slave Controller(附属控制器)：当在轨迹视图的选定轨迹上指定 Block 动画控制器后,程序自动为其指定一个附属控制器,可以将关键帧的数据传递给 Block 动画控制器,附属控制器也可以手动指定。

如果对象的一个动画参数项目已经被指定了动画,新指定的动画控制器对原有的动画控制器会有如下两种替代方式：新的动画控制器会依据原先的动画控制器进行重新计算,以产生与原先动画控制器相近的动画控制效果,例如用 Smooth Position 动画控制器替代 TCB Position 动画控制器,Smooth Position 控制器的动画控制效果与 TCB Position 控制器的动画控制效果几乎相同；新的动画控制器会完全清除原先控制器的动画控制效果,例如用 Noise Rotation 动画控制器替代 Smooth Rotation 动画控制器,Noise Rotation 控制器会完全清除原先 Smooth Rotation 控制器的动画控制效果。

常用的动画控制器包括：

Attachment Constraint Controller(附加约束控制器)：用于将一个对象的位置结合到其他对

象的表面,通过在不同的关键帧指定不同的附加约束控制器,可以创建一个对象沿另一个对象不规则表面运动的动画,如果目标对象的表面是变化的,当前对象的动画过程会随之变化。

　　Audio Controller(音频控制器):该动画控制器几乎可以控制所有的动画参数,可以通过将音频波形文件的振幅曲线转变为动画控制曲线,控制对象的动画过程或参数变化过程。

　　Bezier Controller(贝塞尔控制器):是 3ds Max 中最通用的动画控制器,利用可调节的贝塞尔手柄控制动画过程的曲线形状,是大多数参数动画的默认动画控制器。

　　Barycentric Morph Controller(质心变形控制器):在创建命令面板中创建变形合成对象之后,会自动为对象指定质心变形动画控制器,在动画时间线上自动创建变形关键帧,创建由当前对象变化为目标对象的变形动画过程。

　　Block Controller(模块控制器):是一种通用的列表控制器,可用于合成一个时间段内复合对象的多条动画轨迹,并将这些动画轨迹合并为一个动画模块,在整个动画过程的任意时刻,可以方便地调用这个动画模块。

　　Boolean Controller(布尔控制器):Boolean Controller 是 On/Off Controller 的升级版,主要用于控制 History Independent(HI) IK 系统的激活与不激活状态。

　　Color RGB Controller(色彩 RGB 控制器):将色彩的红色、绿色、蓝色三原色数据指定到三个分离的动画轨迹中,可以为每一个原色动画轨迹指定动画控制器。

　　Euler XYZ Rotation Controller(离合 XYZ 旋转控制器):是一种合成控制器,利用该控制器可以合并分离单值浮点控制器,控制对象在一个轴向上的旋转动画,而且 Euler XYZ 是唯一允许编辑旋转功能曲线的旋转控制类型。

　　Expression Controller(表达式控制器):表达式数学模型可以返回一个数值结果,利用该数值结果控制动画过程,可以从一个关键帧到下一关键帧不断进行表达式的数值计算。

　　IK Controller(反向动力学控制器):用于控制对象的反向动力学运动。

　　Linear Controller(线性控制器):依据两个关键帧之间的时间总量,将关键帧的数值变化量进行均分,产生线性插值的动画效果。

　　List Controller(列表控制器):用于将多个控制器的动画控制结果合成为一个动画效果。

　　Link Constraint(链接约束控制器):用于将当前对象的动画过程从一个目标对象链接到其他目标对象之上,当前对象继承目标对象的位置、旋转和缩放属性。

　　Look At Constraint(注视约束):用于约束一个对象的旋转,使该对象一直注视另一个对象,被约束对象的指定旋转轴向朝向目标对象。

　　Motion Capture Controller(运动捕捉控制器):利用外部的运动捕捉设备,控制对象的位置、旋转或其他参数的动画过程。

　　Master Point Controller(主点控制器):用于管理次级结构对象的所有动画轨迹,在视图中直观地控制关键帧,设定关键帧的属性。

　　Noise Controller(噪波控制器):用于创建随机运动的动画效果。

　　On/Off Controller(开关控制器):用于提供一个二元的控制状态。

　　Orientation Constraint(方向约束):可以使用一个对象或多个对象的平均方向约束当前对象的方向。

　　Path Constraint(路径约束):用于使一个对象沿一条样条曲线或多条样条曲线的平均位置移动。

　　Position Constraint(位置约束):用于将一个对象的空间位置约束到另一个对象上,也可以被约束到由几个对象权重控制的空间位置上。

　　Position XYZ Controller(位置 XYZ 控制器):用于将当前对象的位置坐标分离在 X、Y、Z 三个独立的动画轨迹中,并利用表达式控制器分别控制 X、Y、Z 三个独立的动画轨迹。

PRS Transform Controller（位置/旋转/缩放变换控制器）：是大多数对象默认的变换动画控制器，可以创建变换动画效果。

Reactor Controller（连锁反应控制器）：是一种程序控制器，可以通过其他控制器的动画控制结果决定如何触发同步的动画。

Scale XYZ Controller（缩放 XYZ 控制器）：是对象每一个缩放轴向的独立浮点控制器，可以将缩放变换分离为三个单独的轴向轨迹，在每个轨迹中创建缩放动画关键帧，为每个单独的轴向指定不同的插值设置，或指定不同的其他动画控制器。

Script Controller（脚本控制器）：利用脚本表达式的最终计算结果作为控制参数。

Slave Controller（附属控制器）：一旦创建了一个动画模块，在动画模块的每个动画轨迹上都会自动指定一个附属控制器，该控制器允许为主模块设定关键帧数据。

Smooth Rotation Controller（光滑旋转控制器）：用于创建光滑、自然的旋转动画效果。

Spring Controller（弹力控制器）：用于为任何点位置或对象位置指定二级动力学效果，可以创建类似于 Flex 的质量/弹力动力学效果，生成的动画更为接近于自然真实的运动状态。

Surface Constraint（表面约束）：用于约束一个对象沿另一个对象表面进行位置变换。

TCB Controller（张力/连续性/偏斜控制器）：通过指定张力、连续性、偏斜参数产生曲线运动。

Transform Script Controller（变换脚本控制器）：用于将 PRS 控制器在三个分离的位置、旋转、缩放变换动画轨迹，合并在一个脚本矩阵数值中。

Waveform Controller（波形控制器）：是一种浮点控制器，可以创建规则、周期性波动动画。

2. 实例：利用注视约束动画控制器创建角色眼珠转动的动画

（1）选择 File→Open（文件→打开）命令，打开如图 2-12 所示的动画角色兔子乌拉的三维模型场景文件。

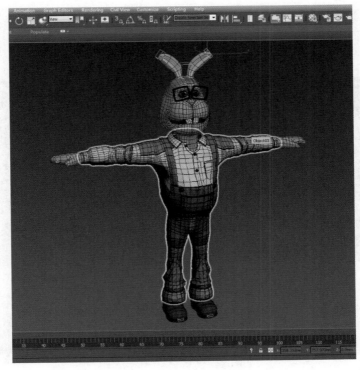

图 2-12　打开兔子乌拉场景文件

(2) 在创建命令面板中单击  辅助对象按钮,进入帮助对象创建命令面板,单击其下的
Dummy(虚拟体)按钮,在顶视图中单击并拖动鼠标创建一个虚拟体,如图 2-13 所示。

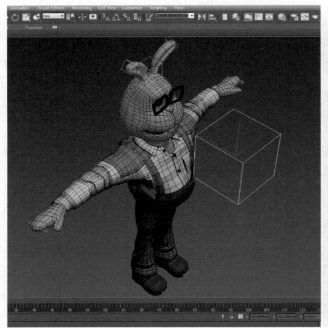

图 2-13　创建虚拟体

(3) 选择兔子的右眼球,单击  运动按钮,进入运动命令面板,单击 Parameters(参数)按
钮,再在 Assign Controller(指定动画控制器)卷展栏中选择 Rotation(旋转)动画的轨迹,如图 2-14
所示。

图 2-14　选择兔子眼球的旋转动画轨迹

(4) 单击 指定动画控制器按钮,在弹出的 Assign Rotation Controller 窗口中选择 LookAt
Constraint(注视约束)动画控制器,然后单击 OK 按钮,如图 2-15 所示。

(5) 注视约束动画控制器的参数设置项目如图 2-16 所示,单击 Add LookAt Target(增加注视
目标)按钮。

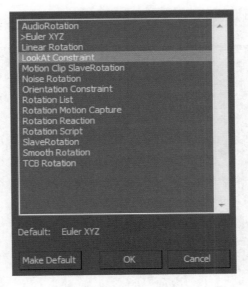

图 2-15　指定动画控制器

图 2-16　单击 Add LookAt Target 按钮

　　(6) 按快捷键 H,弹出如图 2-17 所示的 Pick Objects(选择对象)窗口,在其中选择刚刚创建的虚拟体 Dummy001。

　　(7) 在 Pick Objects 窗口中单击 Pick 按钮,将虚拟体作为兔子眼球的注视目标对象,如图 2-18 所示,从场景中可以观察到基于虚拟体的方位角色的眼球进行了旋转。

　　(8) 在运动命令面板中选择 Keep Initial Offset(保持初始偏移)复选框,如图 2-19 所示,兔子的眼球恢复到初始的角度。

　　(9) 依据相同的操作步骤,为兔子的左眼球也指定注视约束动画控制器,其注视的目标仍选择刚刚创建的虚拟体 Dummy001,如图 2-20 所示。

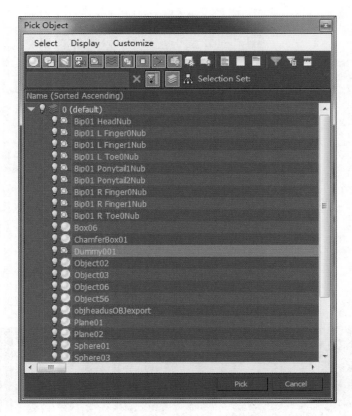

图 2-17　选择虚拟体 Dummy001 作为注视目标对象

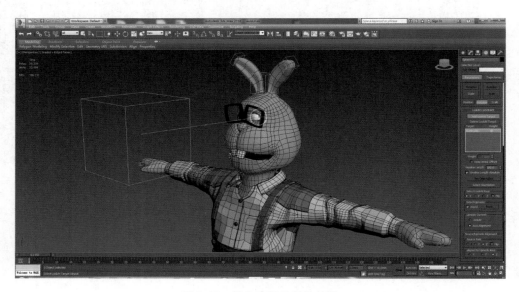

图 2-18　指定注视目标的结果

（10）单击主工具栏中的 ✛ 移动工具按钮，移动虚拟体，查看兔子的两个眼球是否正确注视到虚拟体上，如图 2-21 所示。

图 2-19　保持初始偏移

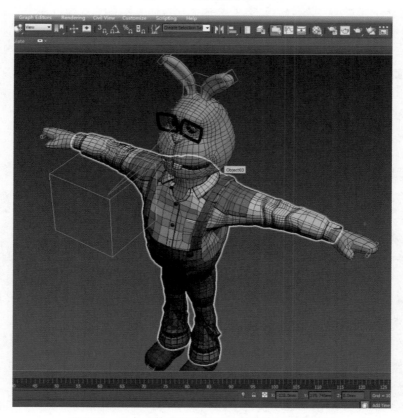

图 2-20　为角色的左眼球指定注视约束动画控制器

图 2-21　查看注视约束动画控制器的作用效果

2.3 轨迹视图

轨迹视图(Track View)是 3ds Max 2016 的总体控制窗口和动画编辑的中心。

2.3.1 轨迹视图功能

在轨迹视图的动画项目列表中结构清晰地列出了场景中全部对象的层级结构,以及场景中所有可以进行动画设置的参数项目;在轨迹视图中可以如同在运动命令面板中一样,为每个可动画项目指定动画控制器;还可以精确编辑动画的时间范围、关键点与动画曲线;为动画增加配音,并使声音节拍与动作同步对齐。

注意:轨迹视图的编辑结果随同.max 场景文件一同被保存,在 3ds Max 2016 中可以同时打开多个轨迹视图进行协同调整,打开的轨迹视图既可以与场景视图并置在一起,又可以作为浮动的非模态窗口。

轨迹视图的主要作用体现在:

1. 显示场景结构

在轨迹视图的动画项目列表中,将场景中的所有对象以层级结构列表的方式进行排列,在项目列表中单击选择一个对象的名称后,可以在场景中快捷选择该对象。项目列表中还显示场景内所有可进行动画设置的参数项目,如对象的创建参数、变换动画参数、环境参数、声音参数等,这样就能对场景中的动画编辑结构一目了然。

2. 指定动画编辑器

在轨迹视图中可以利用顶部的编辑工具,为对象指定动画控制器,就像在运动命令面板中指定动画控制器一样。

3. 编辑关键点

在关键帧列表轨迹视图中可以利用顶部的编辑工具,控制关键点的时间位置;编辑关键点的动画数值;改变关键点之间的插值;为对象指定可视性动画轨迹;指定动画注释信息,在函数曲线编辑模式下可以精确控制对象或参数的动画过程,改变越界循环参数曲线的形态。

4. 编辑动画曲线

在曲线编辑器轨迹视图中可以利用顶部的编辑工具,控制动画的函数曲线。

5. 视频音频合成

在轨迹视图的动画项目列表中,有专门设置的项目为动画配音。

在 3ds Max 2016 中 Track View 轨迹视图的界面可以提供两种分离的编辑,如图 2-22 所示。

Curve Editor(曲线编辑器)用于编辑功能曲线。

Dope Sheet(关键帧列表)用于编辑轨迹和管理关键帧。

在主工具栏中单击 ▦ 曲线编辑器按钮,可以打开轨迹视图的曲线编辑器,如图 2-23 所示。在曲线编辑器的 Modes(模式)菜单中,可以在 Curve Editor 和 Dope Sheet 两种轨迹视图间切换。

2.3.2 轨迹视图结构

下面以 Curve Editor 为例介绍轨迹视图的结构,选择 Graph Editor→Track View-Curve Editor 命令,打开 Curve Editor 轨迹视图,轨迹视图在结构上主要分为 5 个部分,分别是动画项目列表、编辑窗口、编辑工具栏、状态栏与视图控制工具、菜单栏。

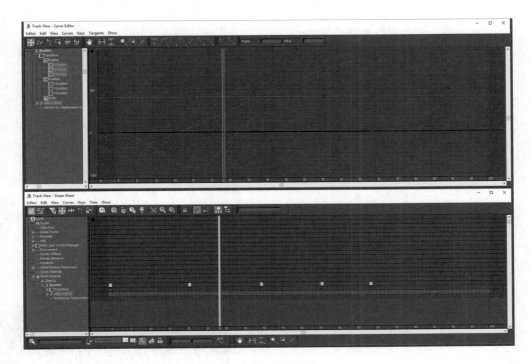

图 2-22 轨迹视图

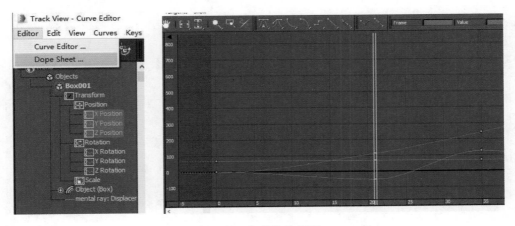

图 2-23 切换轨迹视图

1．动画项目列表

在轨迹视图左侧的动画项目列表中以层级结构的方式显示了场景中所有可进行动画设置的项目，在项目层级中 World(世界)是层级的最高部分，用于控制整个场景的动画，在它下面的次级层级中用于分别控制场景中不同的可动画项目，每个项目之下还有次一级的动画项目。另外，选择对象项目名称左侧的图形标记后，可以在场景中快速选择该对象。

2．编辑窗口

在编辑窗口中可以显示场景动画的关键点、动画区段滑杆或各种动画波形曲线，编辑窗口下部有一个时间标尺用于关键点的精确对齐。

3．编辑工具栏

编辑工具栏分为 3 个部分，左侧是固定的基本工具栏；右侧的工具栏会根据编辑关键点、编辑时间、编辑范围、编辑位置、编辑函数曲线的不同编辑状态而产生动态的变化；第 3 个工具栏可以指定轨迹视图的名称。

4．状态栏与视图控制工具

状态栏用于显示轨迹视图当前的执行状态和简要的提示信息，轨迹视图控制工具与场景视图控制工具类似，用于控制轨迹视图的显示。

5．菜单栏

在菜单栏中包括 Editor(模式菜单)、Edit(编辑菜单)、View(视图菜单)、Curves(曲线菜单)、Keys(关键帧菜单)、Tangents(切线菜单)、Show(显示菜单)。

2.3.3　状态栏与视图控制工具

在轨迹视图下部的状态栏与视图控制工具区域，用于控制轨迹视图的显示，并针对当前操作显示简要的提示信息，如图 2-24 所示。

单击 ![] Zoom Horizontal Extents(水平缩放范围)按钮，可以调整轨迹视图编辑窗口的水平缩放比例，使所有激活的时间段完整显示在编辑窗口中。

图 2-24　状态栏与视图控制工具

单击 ![] Zoom Value Extents (缩放数值范围)按钮，可以调整轨迹视图编辑窗口的垂直缩放比例，使函数曲线在高度方向上完整显示在编辑窗口中。

单击 ![] Pan (摇移)按钮后，在编辑窗口中单击并拖动鼠标，可以上下左右摇移编辑窗口，右击可以退出摇移模式。

单击 ![] Zoom(缩放)按钮，在编辑窗口中同时在垂直与水平方向上缩放显示，向右拖曳鼠标减小放大倍数，向左拖曳鼠标增大放大倍数，右击退出缩放模式。

单击 ![] Zoom Region (缩放区域)按钮，在轨迹视图编辑窗口中用鼠标拖曳确定一个区域，将该区域放大到全视图显示。

单击 ![] Isolate Curve(隔离曲线)按钮，只有选定曲线被显示在轨迹视图中，同时所有其他曲线将被隐藏。

2.3.4　动画曲线编辑工具

在 Curve Editor 轨迹视图中包含以下常用编辑工具栏：KeyS(关键帧)工具栏、Key Tangency(关键帧切线)工具栏、Curves(曲线)工具栏，如图 2-25 所示。

1．Keys(关键帧)工具栏

单击 ![] Filters(过滤器)按钮，打开 Filters 窗口，如图 2-26 所示，该窗口主要用于控制轨迹视图动画项目列表中层级结构的显示，以及编辑窗口中函数曲线的显示。

图 2-25　Curve Editor 编辑工具

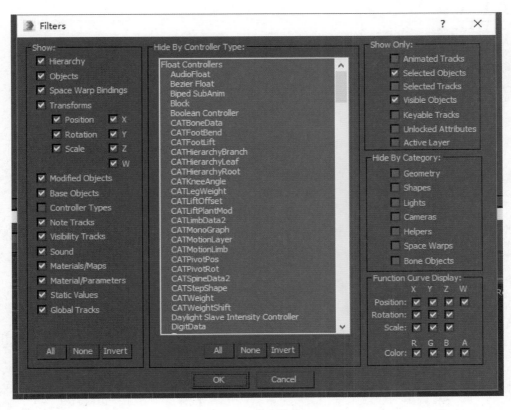

图 2-26 过滤器窗口

 Move Keys(移动关键点)按钮用于将当前选定动画曲线上的关键点沿任意方向移动。 Move Keys-Horizontal(水平移动关键点)按钮用于将当前选定动画曲线上的关键点沿水平方向移动。 Move Keys-Vertical(垂直移动关键点)按钮用于将当前选定动画曲线上的关键点沿垂直方向移动。

使用 Slide Keys(滑动关键点)工具可以移动一组关键点(当前选定关键点加上所有到动画曲线端点间的关键点),滑动的方向决定哪些关键点被移动。

Scale Keys(缩放关键点)工具用于以当前帧为中心,对选择的关键点进行水平的时间量缩放。

Scale Values(缩放数值)工具用于以当前帧为中心,对选择的关键点进行垂直方向的参数值缩放。

Add Keys(增加关键点)工具用于在函数曲线上加入新的关键点。

单击 Draw Curves(描绘曲线)按钮后,可以画一条新的动画曲线,也可以修整已经存在的动画曲线。描绘的速度决定动画曲线上关键点的数量,如果关键点数量过多,可以使用 Reduce Keys(减少关键点)工具精简关键点数量。

单击 Simplify Curve(简化曲线)按钮后,弹出 Simplify Curve 窗口,可以设置 Threshold(阈值)参数,对曲线进行简化处理。

2. Key Tangents(关键帧切线)工具栏

使用 Set Tangents to Auto(自动切线模式)工具,可以在关键帧的功能曲线上显示可调节的切线控制手柄,通过控制手柄可以调整关键帧两侧切线的形态。

使用 Set Tangents to Custom(用户设定切线模式)工具,可以在关键帧的功能曲线上显示可调节的切线控制手柄,通过控制手柄可以调整关键帧两侧切线的形态,按住 Shift 键可以打破控制手柄的连续性。

使用 Set Tangents to Fast(加速切线模式)工具,可以创建当接近关键帧时,插值速率加快的效果;如果将出点切线指定为加速方式,可以创建刚一离开关键帧速度比较快,远离关键帧后逐渐减速的效果。

使用 Set Tangents to Slow(减速切线模式)工具,可以创建当接近关键帧时,插值速率减慢的效果;如果将出点切线指定为减速方式,可以创建刚一离开关键帧速度比较慢,远离关键帧后逐渐加速的效果。

使用 Set Tangents to Step(步进切线模式)工具,在两个关键帧之间创建二元的插值效果,这种切线方式要求两个关键帧之间要有相匹配的切线方式,如果将当前关键帧的入点切线设定为步进方式,则前一关键帧的出点切线自动转变为步进方式;如果将当前关键帧的出点切线设定为步进方式,则下一关键帧的入点切线自动转变为步进方式。

选择步进方式的切线后,当前关键帧的出点数值会一直保持,当到达下一关键帧时,数值突然变化为下一关键帧指定的数值。使用这种切线方式可以创建开关动画或瞬间变化动画的效果。

使用 Set Tangents to Linear(线性切线模式)工具,可以为当前关键帧创建一个线性的插值效果,线性的切线只影响靠近关键帧的曲线,如果要在两个关键帧之间创建完全的直线插值效果,则前一关键帧的出点切线和当前关键帧的入点切线都要设定为线性的。

使用 Set Tangents to Smooth(光滑切线模式)工具,可以为当前关键帧创建一个光滑的插值效果。

3. Curves(曲线)工具栏

单击 Lock Selection(锁定选择集)按钮,可以将当前选定的关键点或函数曲线控制点的选择集进行锁定。

单击 Snap Frames(捕捉帧)按钮,可以将关键点或时间范围滑杆的端点与最接近的帧对齐。

 Show Keyable Icons(显示可指定关键点的标记)工具用于显示哪些轨迹可以指定关键点,红色标记指定可以设置关键点;黑色标记指定不能设置关键点。

另外 4 个工具分别是 Parameter Curve Out-of-Range Type(越界循环参数曲线类型)、View All Tangents(查看所有切线)、 Show Tangents(显示切线)、 Lock Tangents(锁定切线)。

2.3.5 关键帧列表编辑工具

在 Dope Sheet 轨迹视图中包含以下常用工具栏:Keys(关键帧)工具栏、Time(时间)工具栏、Display(显示)工具栏,如图 2-27 所示。

1. Keys(关键帧)工具栏

单击 Edit Keys(编辑关键点)按钮后,在轨迹视图编辑窗口中显示关键帧和时间范围滑杆。

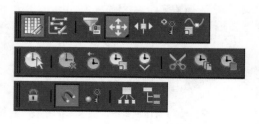

图 2-27　Dope Sheet 编辑工具

单击 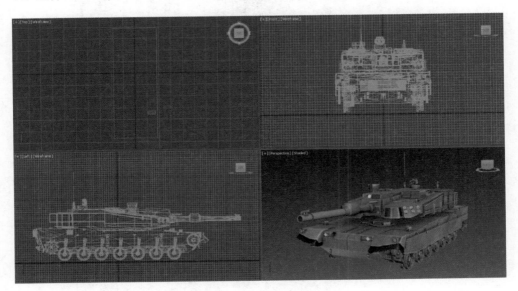 Edit Ranges(编辑范围)按钮后,在轨迹视图编辑窗口中可以编辑动画时间滑杆。

2．Time(时间)工具栏

Select Time(选择时间)工具用于在编辑窗口中拖曳鼠标,选择一段时间范围。

Delete Time(删除时间)工具用于从当前选定的轨迹中移除选定的时间,在移除关键点的同时,留下空白的帧。

Reverse Time(颠倒时间)工具用于将当前选定时间段的开始与结束时间颠倒。

Scale Time(缩放时间)工具用于对当前选择的时间段进行缩放编辑。

Insert Time(插入时间)工具用于在当前位置插入一段新的时间范围。

Cut Time(剪切时间)工具用于将当前选择的时间范围剪切到系统剪贴板。

Copy Time(复制时间)工具用于将当前选择的时间范围复制到系统剪贴板。

Paste Time(粘贴时间)工具用于将系统剪贴板中复制或剪切的时间范围粘贴到当前指定的时间位置。如果当前选择的是一个时间点,将在该时间点插入粘贴的时间范围;如果当前选择的是一段时间,粘贴的时间范围会覆盖原先选定的时间段。

3．Display(显示)工具栏

单击 Modify Subtree(编辑次级对象)按钮后,编辑父对象的关键点时会影响其子对象的关键点。

单击 Modify Child Keys(编辑子关键点)按钮后,编辑当前关键点时会影响其子关键点。

2.4 动画控制应用范例

2.4.1 创建坦克履带动画

(1)选择 File→Open 命令,打开如图 2-28 所示的坦克场景文件。

图 2-28 打开坦克场景文件

（2）选择左视图，按快捷键 Alt＋W 使左视图放大，在创建命令面板中单击 图形按钮，进入图形创建面板，再单击 Rectangle(矩形)按钮，然后在视图中依据坦克车轮形状创建矩形，如图 2-29 所示。

图 2-29　创建二维矩形

（3）在场景中的矩形曲线之上右击，从弹出的快捷菜单中选择 Convert to Editable Spline(转换为可编辑样条曲线)命令，将矩形转换成可编辑样条线，如图 2-30 所示。

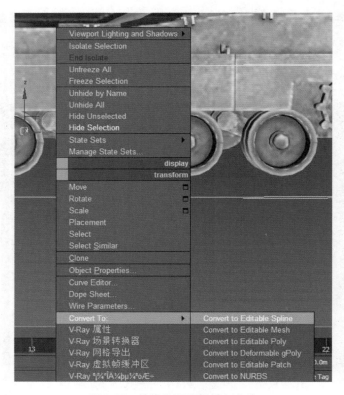

图 2-30　转换为可编辑样条曲线

（4）在修改编辑堆栈中下拉指定为节点次级结构编辑层级。

（5）在 Geometry 卷展栏中单击 Refine（优化）按钮，在矩形边线上通过单击的方式创建几个新节点。

（6）分别在新增的节点上右击，从弹出的快捷菜单中选择 Bezier（贝塞尔）命令，将它们转化为贝塞尔模式的节点。

（7）使用主工具栏中的 ✛ 移动工具，通过调整新节点和其两侧控制手柄的位置，将曲线编辑为坦克履带的外轮廓形态，如图 2-31 所示。

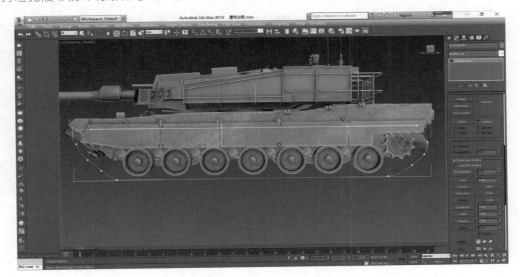

图 2-31　调整样条曲线形状

（8）选择要进行平滑处理的节点，在修改编辑命令面板的 Geometry 卷展栏中调节 Fillet（圆角）后面的参数，使样条曲线与车轮更加配合，更加平滑，如图 2-32 所示。

图 2-32　调节样条线

(9) 利用标准几何体创建命令面板中的工具,首先在场景中创建履带的一片单体,如图 2-33 所示。

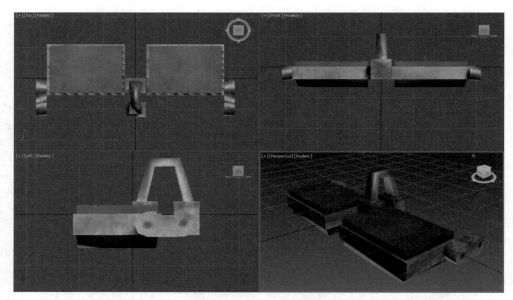

图 2-33　创建坦克履带单体

(10) 选择刚刚做好的坦克履带单体,在命令面板中单击 运动按钮,进入运动命令面板,单击 Parameters(参数)按钮,在 Assign Controller(指定控制器)卷展栏中选择 Position 位置轨迹,如图 2-34 所示。

图 2-34　进入运动命令面板

(11) 单击 指定动画控制器按钮,在弹出的 Assign Rotation Controller 窗口中选择 Path constraint(路径约束)动画控制器,然后单击 OK 按钮,如图 2-35 所示。

(12) 在运动命令面板的 Path Parameters(路径参数)卷展栏中,单击 Add Path(加入路径)按钮,然后选择视图中刚刚创建的样条曲线,如图 2-36 所示。

(13) 在 Path Parameters 卷展栏中选择 Follow(跟随)和 Allow Upside Down(允许颠倒)复选框,如图 2-37 所示。

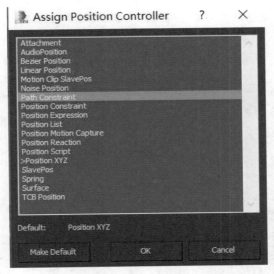

图 2-35　指定路径约束动画控制器

图 2-36　加入约束的路径曲线

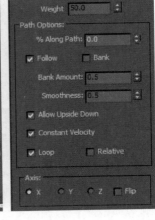

图 2-37　设置路径约束选项

（14）如果发现履带单体相对于路径曲线的位置关系不正确，可以选择 Path Parameters 卷展栏中 Axis(轴)项目中的 4 个复选框，还可以使用主工具栏中的移动、旋转工具调整履带单体与路径之间的相对位置关系，如图 2-38 所示。

图 2-38　调整履带单体与路径之间的相对位置

（15）选择履带单体对象，然后选择 Tools→Snapshot(工具→快照)命令，打开如图 2-39 所示的 Snapshot 窗口。快照工具用于对选定对象进行按时间序列的复制操作，使用该功能可以沿着对象的运动轨迹，在任意动画帧的任意空间位置多次复制当前选定的动画对象，复制对象之间的间隔可以依据统一的时间或者距离确定。选择 Range(范围)选项，在 From/To(从/到)项目中，指定快照复制的动画时间段为 0～100。在 Copies(复制数量)项目中，指定沿着动画轨迹复制 70 个履带单体，在 Clone Method(克隆方式)项目中选择 Copy(复制)复选框。

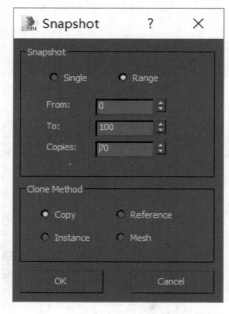

图 2-39　设置 Snapshot 窗口

复制完成的最终效果如图 2-40 所示。

图 2-40 左侧履带最终效果

（16）将创建完成的坦克履带复制到另一侧，完成的效果如图 2-41 所示。

图 2-41 坦克履带最终效果

2.4.2 音频动画控制器应用范例

本实例运用轨迹视图的曲线编辑模式制作音频动画控制器的动画效果，如图 2-42 所示。

（1）在创建命令面板中单击 几何体按钮，进入基本对象创建命令面板，单击 Standard Primitives（标准几何体）右侧的下拉按钮，从下拉的基本对象类型列表中选择 Extended Primitives（扩展几何体），再单击 Hose（软管）按钮，在场景中拖曳鼠标创建一根软管对象，参数设置如图 2-43 所示。

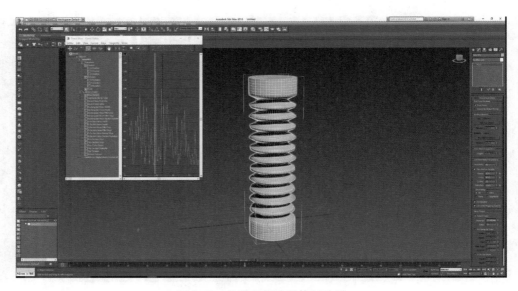

图 2-42　使用音频波形控制动画

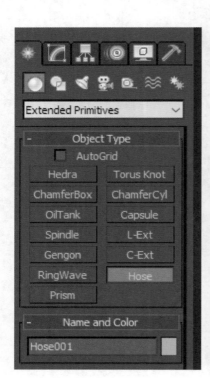

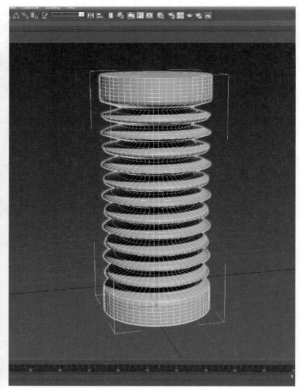

图 2-43　创建软管

（2）在主工具栏中单击 轨迹视图按钮，如图 2-44 所示，打开轨迹视图窗口。在轨迹视图左侧的动画项目列表中展开 Object（Hose）的可动画参数，选择其中的 Hose Height（软管高度）参数轨迹。

（3）在列表中的轨迹名称 Hose Height 右击，从弹出的快捷菜单中选择 Assign Controller（指定动画控制器）命令，如图 2-45 所示。

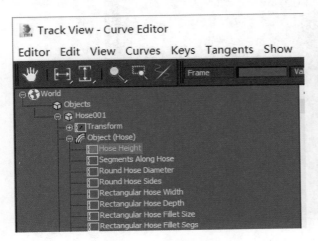

图 2-44 打开轨迹视图

图 2-45 右键快捷菜单

（4）在弹出的 Assign Float Controller（指定浮点动画控制器）窗口中选择 AudioFloat（音频浮点）动画控制器后，单击 OK 按钮关闭该窗口，如图 2-46 所示。

（5）在弹出的音频动画控制器窗口中，单击 Choose Sound（选择声音）按钮，再在弹出的 Open Sound（打开声音）窗口中选择事先准备好的音乐文件，如图 2-47 所示。

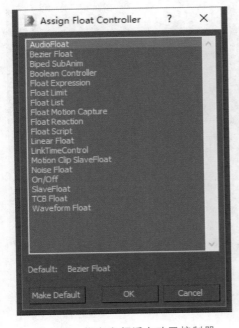

图 2-46 指定音频浮点动画控制器

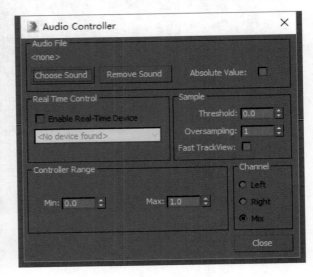

图 2-47 音频动画控制器窗口

(6)在音频动画控制器窗口的 Controller Range(动画控制器范围)项目中，设置动画控制器作用范围的 Min(最小值)和 Max(最大值)，如图 2-48 所示，单击 Close(关闭)按钮关闭该窗口。

图 2-48　设置动画控制器作用范围

在轨迹视图中可以观察到软管高度参数的动画轨迹中出现了音乐的波形曲线，如图 2-49 所示。

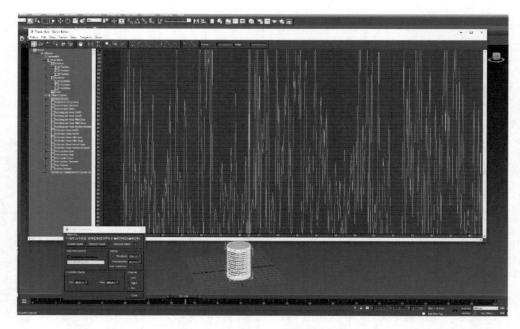

图 2-49　软管高度参数的动画轨迹

单击操作界面右下角的 ▶ 播放按钮，可以观察到软管随着音乐的旋律产生了有趣的伸缩动画效果，如图 2-50 所示。

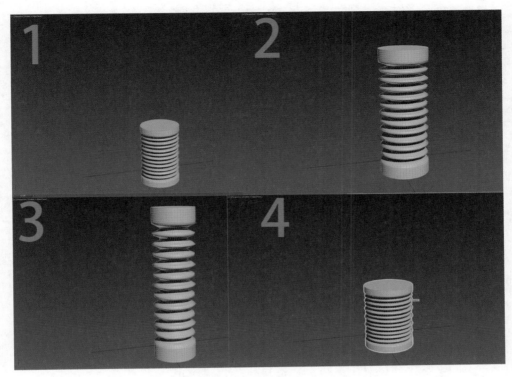

图 2-50　查看软管随音乐伸缩变化的动画效果

习题

2-1　动画控制器能实现哪些功能？

2-2　关键帧切线用于设定关键帧 In(入点)和 Out(出点)的插值属性，在 3ds Max 2016 中包含哪几种类型的关键帧切线？

2-3　在 3ds Max 2016 中包含哪 5 种不同类型的动画控制器？

2-4　Track View 窗口包含哪两种编辑模式？分别适用于哪些动画编辑状态？

ANIMATION

第3章　骨骼与蒙皮

本章详细讲述了创建命令面板中的骨骼工具,并着重分析了如何完成骨骼绑定,以及蒙皮编辑的原理和实际操作注意事项。最后通过实例,详细讲述了如何为动画角色创建并编辑骨骼绑定,如何指定蒙皮并编辑蒙皮变形。

3.1　骨骼创建与编辑

本节将详细讲述如何使用创建命令面板和层级命令面板,创建骨骼并编辑骨骼的运动属性。

3.1.1　骨骼创建工具

在创建命令面板中单击  系统按钮,进入系统创建命令面板,如图 3-1 所示,其中包含 Bones(骨骼)创建工具。

骨骼是通过骨头和关节构成的一个骨架链接系统,可以使用正向和反向动力学,变换和控制骨骼系统生成复杂的动画过程。利用骨骼系统可以控制与之相链接的对象或对象层级结构的动画。骨骼系统最常用于控制具有连续蒙皮的角色(例如具有连续网格表面的人物)创建复杂的动画,如图 3-2 所示。

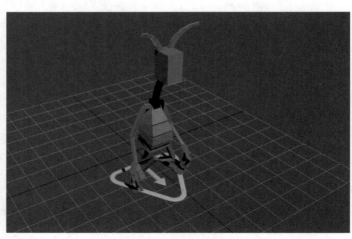

图 3-1　系统创建命令面板　　　　　　　　　图 3-2　骨骼系统

要想利用骨骼系统控制复杂的动画,首先要对骨骼结构有一个清晰的认识。每个骨骼单位在基准部位都包含一个轴点(类似于关节),骨骼单位可以围绕该轴点旋转,骨骼单位从基准部位的轴点指向另一个骨骼单位(子级骨骼单位)。骨骼可以进行缩放变换,缩放变换骨骼系统会改变骨骼单位的长度。

Spline IK 是一个 IK 链运算器,它使用一条样条曲线作为骨骼链的基础形状,这一功能最适合由短骨骼形成的长链,如图 3-3 所示。对于像尾巴、蛇、触须或是绳子这样的对象来说,控制每一块骨骼几乎是不可能的,因为这些链都是沿平滑曲线路径运动的,所以由少数控制节点定义的样条曲线就非常适合这种控制。

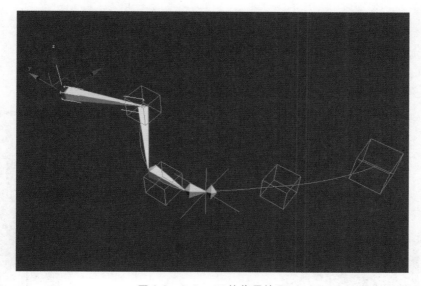

图 3-3　Spline IK 的作用效果

Bone Fins(骨骼鳍)是骨骼方向的可视化指向,骨骼包含三套鳍,分别位于骨骼单位的侧面、前面、后面,默认情况下鳍是不可见的,如图 3-4 所示。在骨骼对象的 Object Properties(对象属性)窗口中,选择 Renderable(可渲染)复选框,就能创建可渲染的骨骼系统(默认骨骼系统是不可渲染的)。

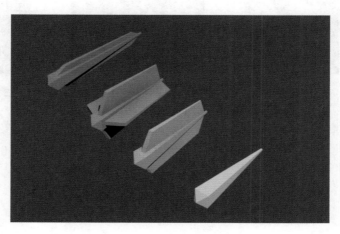

图 3-4　带鳍的骨骼

在系统创建命令面板中单击 Bones 按钮,如图 3-5 所示,在其中包含以下 3 个卷展栏:Name and Color(名称和色彩)卷展栏、IK Chain Assignment(IK 链指定)卷展栏、Bone Parameters(骨骼参数)卷展栏。

1. IK Chain Assignment(IK 链指定)卷展栏

IK Chain Assignment(IK 链指定)卷展栏如图 3-6 所示。

选择 Assign To Children(指定到子级)复选框后,可以将 IK Solver(IK 解算器)列表中选定的 IK 解算器,指定到除第一个 root(根级)骨骼之外的所有其他子级骨骼之上;取消选择该复选框,将指定一个标准的 PRS Transform controller(位移/旋转/缩放变换动画控制器)到骨骼之上,默认为取消选择状态。

选择 Assign To Root(指定到根级)复选框后,将在列表中选定的 IK 解算器,指定到所有骨骼之上(包括第一个根级骨骼)。

2. Bone Parameters(骨骼参数)卷展栏

Bone Parameters(骨骼参数)卷展栏如图 3-7 所示。

图 3-5　单击骨骼创建工具　　　　图 3-6　IK 链指定卷展栏　　　　图 3-7　骨骼参数卷展栏

在该卷展栏中可以分别设置 Bone Object(骨骼对象)的 Width(宽度)、Height(高度)、Taper(锥度)参数和 Side Fins(侧鳍)、Front Fin(前鳍)、Back Fin(后鳍)的 Size(尺寸)等参数。

选择 Generate Mapping Coords(指定贴图坐标)复选框后,可以为创建的可渲染骨骼系统自动指定贴图坐标。

3.1.2　骨骼编辑工具

选择 Animation→Bone Tools(动画→骨骼工具)命令,打开如图 3-8 所示的 Bone Tools 窗口。

在 Bone Editing Tools(骨骼编辑工具)卷展栏中,单击 Bone Edit Mode(骨骼编辑模式)按钮后,可以通过移动其子骨骼编辑骨骼的长度,以及与其他骨骼之间的相对位置关系。在为骨骼结构指定 IK 前后,都可以进入该编辑模式。

Bone Tools(骨骼工具)项目中的按钮有以下功能:

单击 Create Bones(创建骨骼)按钮,可以开始创建骨骼。

单击 Create End(创建终点)按钮,可以为当前选定的骨骼创建终节点,如果当前选定的骨骼不在末端,则创建的终节点连接当前骨骼和下一个骨骼。

单击 Remove Bone(移除骨骼)按钮,可以移除当前选定的骨骼,该骨骼的父级骨骼拉伸到被移除骨骼的轴心点,该骨骼的子级骨骼链接到其父级骨骼。

单击 Connect Bones(连接骨骼)按钮,可以在当前选定的骨骼和其他骨骼之间创建一个连接。

单击 Delete Bone(删除骨骼)按钮后,可以单击删除一个骨骼,并断开其父级骨骼和子级骨骼的链接关系,在其父级骨骼末端创建一个终节点。

单击 Reassign Root(重指定根骨骼)按钮,可以将当前选定骨骼转变为整个骨骼结构的根骨骼。

单击 Refine(精制)按钮后,在一个骨骼上单击,可以从单击的位置将骨骼分成两段。

单击 Mirror(镜像)按钮,可以通过创建当前骨骼的镜像复制骨骼。

在 Fin Adjustment Tools(鳍调整工具)卷展栏中,可以设置骨骼鳍的显示属性,如图 3-9 所示。

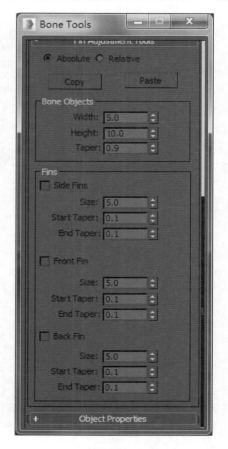

图 3-8　Bone Tools 窗口　　　　　　图 3-9　鳍调整工具卷展栏

选择 Absolute(绝对)复选框后,其中的参数都是绝对数值;选择 Relative(相对)复选框后,其中的参数都是相对于当前设置的相对数值。

单击 Copy(复制)按钮,可以复制当前选定骨骼的鳍设置;单击 Paste(粘贴)按钮,将复制的鳍设置指定给当前选定的骨骼。

Object Properties(对象属性)卷展栏如图 3-10 所示。

Bone On(骨骼开关)复选框用于指定是否以骨骼的方式显示层级对象。

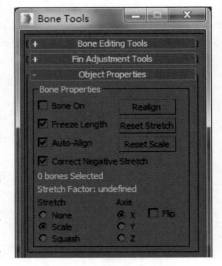

选择 Auto-Align(自动对齐)复选框后,自动对齐骨骼系统,如果不选择该复选框,一个骨骼单位的末端就不指向其子级骨骼单位,子级骨骼单位可以被拖离。

选择 Correct Negative Stretch(纠正负骨骼)复选框后,将骨骼计算的负比例因数转换为正数。

Freeze Length(冻结长度)复选框用于确定骨骼单位的长度是否可以被更改。

如果骨骼系统不一致,如一个骨骼单位的末端不指向其子级骨骼单位,单击 Realign(重对齐)按钮,可以使当前选定的骨骼单位恢复为正确的方向。

图 3-10   对象属性卷展栏

Reset Stretch(重设长度):单击该按钮,可以将骨骼单位恢复到初始的长度。

Reset Scale(重设比例):单击该按钮,可以在指定骨骼的每一个轴向上,将骨骼当前计算的比例重新设定为 100%。

在 Stretch 项目中 Scale(比例)单选按钮用于沿着轴向比例拉伸骨骼单位;Squash(挤压)单选按钮用于以挤压的方式拉伸骨骼单位,拉伸时骨骼单位变长、变细,压缩时骨骼单位变短、变粗;None(不拉伸)单选按钮指定不拉伸骨骼单位的长度。

Axis(轴)项目指定拉伸操作的轴向 X、Y、Z;选择 Flip(反转)复选框后,指定沿着选定的轴向反转拉伸。

3.2   反向动力学

在命令面板中单击 ▦ 层次选项卡,打开层级命令面板,该命令面板可用于创建复杂的运动关系、模拟骨骼结构、创建 IK 反向动力学基准、设置骨骼的旋转和滑动参数。

在其中单击 IK 按钮,显示 IK 指定和编辑模式,如图 3-11 所示。

在层级命令面板中的 IK 反向动力学卷展栏包含:Inverse Kinematics(反向运动)、Object Parameters(对象参数)、Auto Termination(自动终止)、Position XYZ Parameters(位置坐标参数)、Key Info(Basic)(关键帧基础信息)、Key Info(Advanced)(关键帧高级信息)、Rotational Joints(旋转关节)。

层级命令面板会针对当前不同的 IK 类型弹出不同的设置卷展栏,对于交互式 IK 会显示 Inverse Kinematics 和 Auto Termination

图 3-11   层级命令面板

卷展栏；对于指定式 IK 会显示 Inverse Kinematics 和 Object Parameters 卷展栏；对于历史依赖式 IK 会显示 Inverse Kinematics、Object Parameters、Auto Termination、Position XYZ Parameters、Rotational Joints 卷展栏。

Inverse Kinematics 卷展栏用于当通过 Animation 菜单命令为层级系统指定 IK 控制器之后，可以为 IK 控制器指定不同的编辑操作。

Auto Termination 卷展栏仅作用于交互式 IK，不能作用于指定式 IK 和 IK 控制器。当变换反向动力学链中的一个对象时，沿该反向动力学链向上的指定数量对象作为终结器，终结器之上的对象不受反向运动的影响。

Position XYZ Parameters 卷展栏用于在反向动力学系统中，限定对象运动的轴向，关节最多可有 6 个运动轴向、3 个位置轴向和 3 个旋转轴向。

Object Parameters 卷展栏可以为整个层级链指定反向动力学参数。

在 3ds Max 2016 中有 6 种不同的反向动力学解算器，它们分别是 Interactive IK（交互式 IK）、Applied IK（指定式 IK）、HD IK solver（历史依赖 IK 解算器）、HI IK solver（历史独立 IK 解算器）、IK Limb solver（IK 分支解算器）、Spline IK solver（样条 IK 解算器）。

1. Interactive IK（交互式 IK）

当使用了交互式 IK 并单击动画记录按钮之后，会将对象的动画过程指定为若干个关键帧，IK 解算器自动在这些关键帧之间进行动画插值计算。因为 IK 解算器会对链接对象之间和对象关节之间进行插值计算，所以具有 IK 设置的对象插值动画过程与不具有 IK 设置的对象动画过程不同。交互式 IK 的动画设定比较简单，但在动画过程中容易出现问题。

例如对于一个手臂反向动力学系统，手作为端点受动器会带动前臂和上臂以及腕关节和肘关节一起运动。单击界面下部的 Animate（动画）按钮，然后在层级命令面板的 IK 项目中单击 Interactive IK 按钮，将时间滑块拖动到 100 帧，拖动手做一个弧线运动，再次单击 Animate 按钮结束动画记录过程，作为端点受动器的手会进行弧线运动。你可能会期待前臂和上臂以及腕关节和肘关节会随同手一起做相同的弧线运动，然而最终的动画回放结果却不尽人意，交互式 IK 只对 0～100 帧的位置变化进行插值计算，所以要想使手臂反向动力学系统链中的其他对象的运动轨迹接近手的运动轨迹，就要将手的运动过程分别在第 20 帧、40 帧、60 帧、80 帧、100 帧进行动画记录，以获得更多的关键帧。

2. Applied IK（指定式 IK）

指定式 IK 需要将动力学链中的一个或多个对象绑定到动画跟随对象上，绑定之后，在动力学链中选择任意一个对象，单击 Apply IK 按钮赋予动力学系统指定式 IK。这种 IK 解算器将计算动画的每一帧，并为反向动力学链中的每一个对象指定变换关键帧。利用指定式 IK 可以使动力学链中的一个对象与其他对象的动画过程更为精确地匹配在一起。

3. HD（History-Dependent）IK solver（历史依赖 IK 解算器）

历史依赖 IK 解算器是 3ds Max 早期版本使用的反向动力学控制系统，在进行反向运动计算过程中依赖于以前动画关键帧的运动计算结果，所以只适合于短小的动画序列，如果用于 100 帧以上的反向运动动画，会耗费大量的计算时间，常作为由滑动关节链接的机械运动的 IK 解算器。利用 HD IK 解算器可以快速查看反向动力学链的初始状态。

历史依赖 IK 解算器包含有位置和旋转两种类型的端点受动器，可以将端点受动器绑定到一个跟随对象上,并使用优先系统和阻尼选项定义关节参数,还可以联合使用滑动关节的限定。与 HD IK 解算器不同,下面讲到的 HI IK 解算器只允许在正向运动过程中使用滑动关节的限定,并且也没有反弹、阻尼和优先权的设置。

4. HI(History-Independent)IK solver(历史独立 IK 解算器)

历史独立 IK 解算器在进行反向运动计算过程中不依赖于以前动画关键帧的运动计算结果,所以不论对于 1000 帧的动画还是 10 帧的动画,反向运动计算的速度都是相同的。

HI IK 解算器使用一个目标对象控制反向动力学系统的动画过程,当为目标对象指定动画之后,反向动力学系统的端点受动器会随同运动,从而带动整个反向动力学系统一起运动。通常使用 dummy(虚拟帮助对象)或 point(点帮助对象)作为目标对象,这样就可以通过对目标对象指定简单的动画,控制反向动力学系统执行复杂的运动。

HI IK 解算器作用于一个 solver plane(操作平面)上,该操作平面的角度受 swivel angle(旋转角度)参数的控制。

HI IK 解算器可以作用于多个或重叠的反向动力学链,允许使用多个目标对象创建附加的反向运动控制,还可以为目标对象或控制对象指定运动约束或其他动画控制工具。

如果想指定 HI IK 解算器,首先选择起始运动的骨骼或对象,选择 Animation→IK Solvers→HI Solver 命令,在激活的视图中移动鼠标到终止运动的骨骼上,单击鼠标选择该骨骼,在该骨骼的轴心点上显示一个目标。

5. IK Limb Solver(IK 分支解算器)

IK 分支解算器专门用于角色动画的控制过程,如人物角色从骨盆到脚踝的下肢动画、从肩部到手腕的上肢动画等,该反向运动解算器只作用于由三段骨头构成的骨骼系统,其中只对第一、二块骨头进行反向运动计算,运动目标被放置到第三块骨头的轴心点上。IK 分支解算器是一种解析类型的 IK 解算器,具有很快的反向运动计算速度和很高的计算精度。

IK 分支解算器不仅可以作用于骨骼层级系统,还可以作用于任何具有三个元素的层级链接对象,但要求第一个关节是球型关节,具有三个方向的旋转自由度;第二个关节是轴型关节,具有一个方向的旋转自由度。

IK 分支解算器的控制过程近似于 HI 反向运动解算器,也不使用 HD 反向运动解算器的滑动关节限定、反弹、阻尼和优先权的设置。如果将反向运动分支解算器作为有限交互开放资源,可以被直接输出到一个游戏交互控制中。

在指定 IK 分支解算器之前,首先创建一个由三段骨头构成的骨骼系统,选定根级骨头之后,选择 Animation→IK Solvers→IK Limb Solver 命令,在视图中移动鼠标时可以观察到鼠标后面跟随一条虚线,单击鼠标选择第三块骨头,这时骨骼上显示反向运动分支解算器。

注意:历史独立 IK 解算器和 IK 分支解算器的参数控制项目在运动命令面板中。

6. Spline IK solver(样条 IK 解算器)

样条解算器使用一根样条曲线定义一系列骨骼或链接对象的形态和曲率。

3.3 蒙皮技术

Skin(蒙皮)修改编辑器是一个骨骼变形工具,可以使用骨骼、样条甚至其他对象变形 Mesh 网格对象、Patch 面片对象、NURBS 对象。对一个对象施加了蒙皮修改编辑器后,再为该对象指定一个骨骼系统,这时对象表面的节点被放置到一个封套中,这些在封套内的节点会随同骨骼一起运动,如图 3-12 所示。

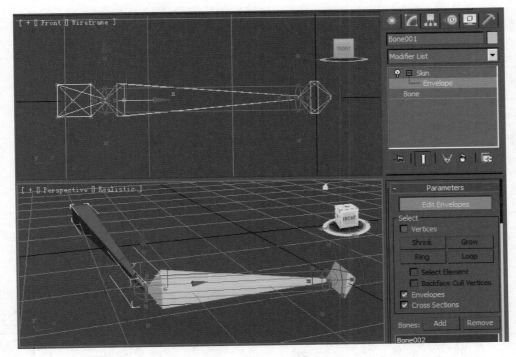

图 3-12　蒙皮修改编辑器效果

　　封套的初始形状基于骨骼系统的类型,骨骼产生一个线性封套,该封套沿骨骼系统的最长轴延展;样条曲线的封套形状基于曲线的曲率;几何对象的封套沿对象的最长轴延展。

　　Skin 修改编辑器包含一个 Envelope(封套)次级结构编辑层级,在这个次级结构编辑层级可以对封套和节点权重进行编辑,如图 3-13 所示。

　　Skin Morph(蒙皮变形)修改编辑器可以利用骨骼的旋转驱动一个变形。蒙皮变形修改编辑器可以与 Skin 修改编辑器或 Physique 修改编辑器配合使用,并要在其他蒙皮修改编辑器之后再添加 Skin Morph 修改编辑器。应当在变形效果最强的动画帧位置创建变形,然后 Skin Morph 修改编辑器会根据进行变形的骨骼旋转,自动在变形中加入或取消受影响节点的动画。

　　以前如果修复易出现问题的变形区域(如腋窝或腹股沟区域),微调任何动画帧的网格变形效果,就需要创建一些额外的辅助骨骼。利用 Skin Morph 修改编辑器就不需要使用额外骨骼,只要在适当的动画帧创建变形,然后将节点变换为需要的准确形状,就能轻松创建肌肉凸出等多种效果。

　　Skin Wrap(蒙皮包裹)修改编辑器允许一个或多个对象变形为另一个对象,常用于使用低精度对象设置高精度对象的动画。进行变形的低精度对象称为控制对象,而它所影响的高精度对象

图 3-13　修改编辑堆栈

49

（即施加了 Skin Wrap 修改编辑器的对象）为基础对象,基础对象可以是任何类型的可变形对象,移动控制对象中的节点会影响基础对象中的对应节点。

使用 Skin Wrap 修改编辑器可在设置动画后再修改高精度对象的拓扑结构,动画效果保持完整,因为所有的动画数据实际都包含在控制对象中。

Skin Wrap Patch(蒙皮包裹面片)修改编辑器允许使用一个面片对象变形一个网格对象。只要将 Skin Wrap Patch 修改编辑器指定到网格对象,然后再使用修改编辑器指定变形面片对象,面片对象上的每个点影响网格对象上对应节点周围的体积。

3.4　骨骼与蒙皮应用范例

本节将通过具体的应用范例,详细讲述骨骼与蒙皮技术在三维角色动画编辑过程中的使用技巧。

3.4.1　创建角色的骨骼

本节将使用 3ds Max 2016 自带的骨骼创建工具,创建一个动画角色的完整骨骼。

（1）选择 File→Open 命令,打开如图 3-14 所示的三维动画角色场景。

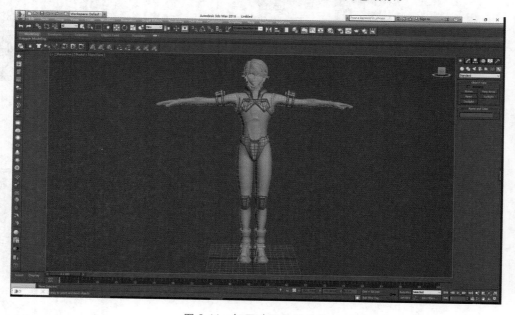

图 3-14　打开动画场景文件

（2）拖动鼠标框选场景中整个角色模型,然后在其上右击,从弹出的快捷菜单中选择 Freeze Selection(冻结选定)命令,如图 3-15 所示,被冻结后的对象不能再被修改或编辑。

（3）在弹出的 Freeze Transforms(冻结变换)窗口中单击"是"按钮,确定冻结操作,如图 3-16 所示。

（4）选择角色模型身上的服饰配件,在其上右击,从弹出的快捷菜单中选择 Hide selection (隐藏选中图层)命令,如图 3-17 所示。

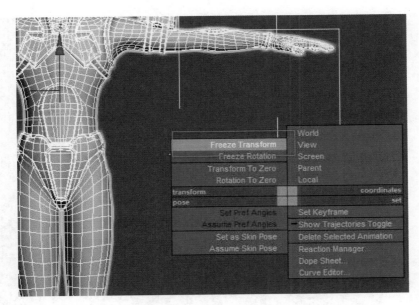

图 3-15　冻结选定的对象

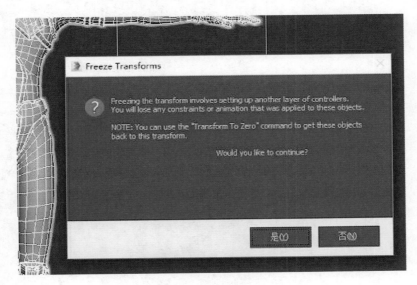

图 3-16　确定冻结变换

　　(5) 按照相同的操作步骤隐藏模型头部,如图 3-18 所示。

　　(6) 选择角色身体模型后,进入修改编辑命令面板,指定为边线次级结构编辑层级,选择角色腰部的一根线,再在修改编辑命令面板中单击 Loop(循环)按钮,选择角色腰部的一圈边线,如图 3-19 所示。

　　(7) 在修改编辑命令面板的 Edit Edges(编辑边线)卷展栏中,单击 Split(分割)按钮,如图 3-20 所示。

　　(8) 在修改编辑堆栈中指定为多边形面次级结构编辑层级,选择角色模型上身的所有多边形面,在修改编辑命令面板的 Edit Geometry(编辑几何结构)卷展栏中,单击 Detach(分离)按钮,

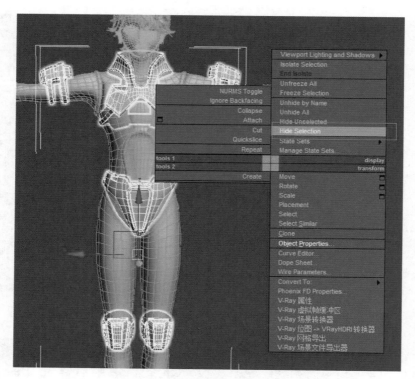

图 3-17　隐藏选中图层

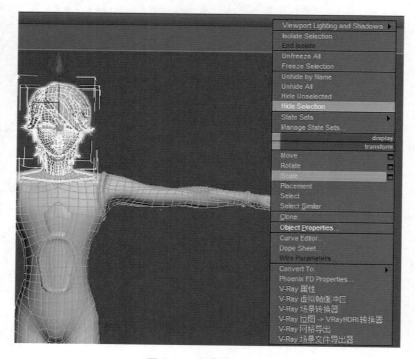

图 3-18　隐藏模型头部

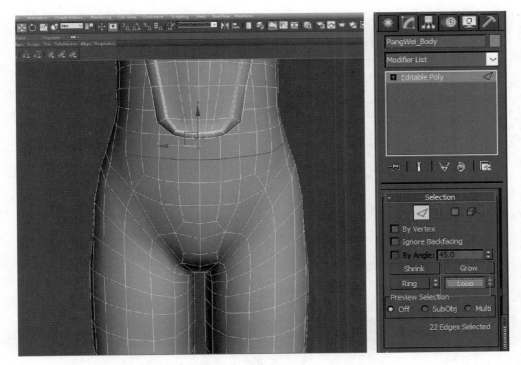

图 3-19　环选一圈边线

图 3-20　分割边线

如图 3-21 所示。

（9）在弹出的 Detach 窗口中指定分离后模型的名称，再单击 OK 按钮关闭该窗口，如图 3-22 所示。

（10）拖动鼠标框选场景中整个角色模型，然后在其上右击，从弹出的快捷菜单中选择

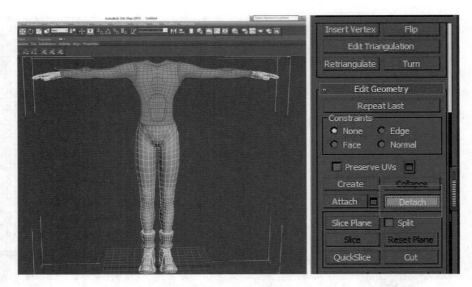

图 3-21　分离上半身

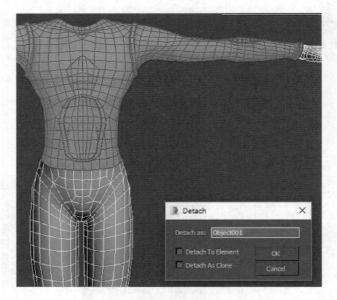

图 3-22　指定分离出后模型的名称

Freeze Selection 命令,如图 3-23 所示。

(11) 按 L 键切换到左视图。

(12) 选择 Animation→Bone Tools(角色→骨骼工具)命令,打开如图 3-24 所示的 Bone Tools 窗口,在其中单击 Create Bones(创建骨骼)按钮,在视图中单击并拖动鼠标在骨盆部位创建两根骨头,最后右击结束骨骼的创建过程。

　　注意:在右侧创建命令面板的 IK Chain Assignment 卷展栏中,从 IK Solver 下拉列表中选择 IKHISolver 类型,同时取消选择 Assign To Children(指定到子对象)和 Assign To Root(指定到根对象)两个复选框,否则会自动给创建的骨骼指定 IK 链接关系。

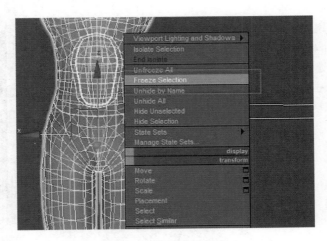

图 3-23　冻结身体模型

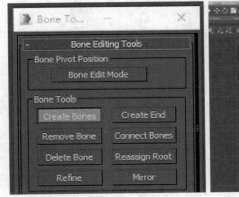

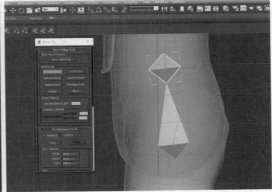

图 3-24　使用骨骼工具创建骨头

（13）在骨骼工具窗口中，在 Fine（鳍）项目中选择 Side Fins（侧鳍）复选框，并调节其相关尺寸参数，如图 3-25 所示。

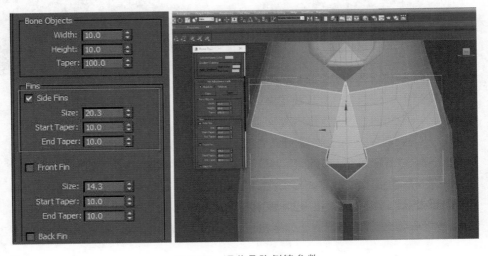

图 3-25　调节骨骼侧鳍参数

（14）确定刚刚创建的骨骼处于选取状态，在右侧的修改编辑窗口的 Name and Color 卷展栏中，将其命名为 Hip bone，如图 3-26 所示。

（15）在创建命令面板中单击 图形按钮，进入二维图形对象创建命令面板，单击其下的 Circle（圆形）按钮，在透视图中单击并拖动鼠标创建一个圆形作为总控制器，并修改其名称为 Total controller，如图 3-27 所示。

（16）按照相同的操作步骤，在模型的臀部创建一个圆形作为控制器，并命名为 Hip controller，如图 3-28 所示。

（17）确认刚刚创建的圆形处于选取状态，在修改编辑命令面板的 Rendering（渲染）卷展栏中，选择 Enable In Viewport（在视图中启用渲染）复选框，如图 3-29 所示。

图 3-26　修改骨骼名称

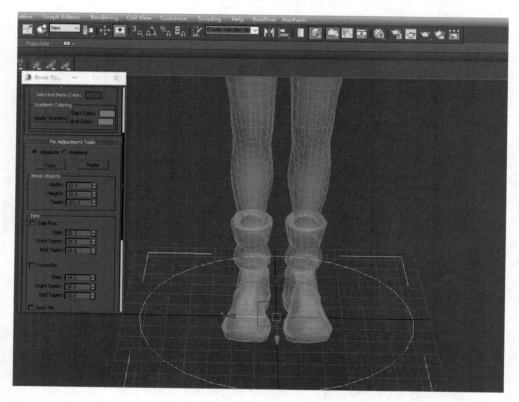

图 3-27　创建圆形

（18）使用相同的操作步骤，使地面上的总控制器在视图中启用渲染。

（19）在创建命令面板中单击 图形按钮，进入二维图形对象创建命令面板，单击其下的 Star（星形）按钮，在场景中单击并拖动鼠标创建一个星形，并设置其在视图中可以被渲染，如图 3-30 所示。

（20）选择总控制器圆形和星形，在其上右击，从弹出的快捷菜单中选择 Convert to Editable Spline（转换为可编辑样条曲线）命令。

（21）选择圆形总控制器，在其上右击，从弹出的快捷菜单中选择 Attach（结合）命令，然后在视图中单击星形将它们结合在一起，如图 3-31 所示。

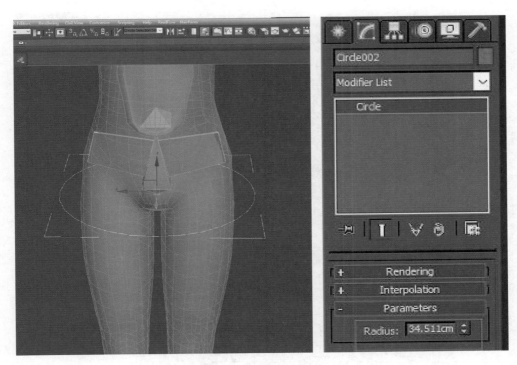

图 3-28 创建臀部控制器

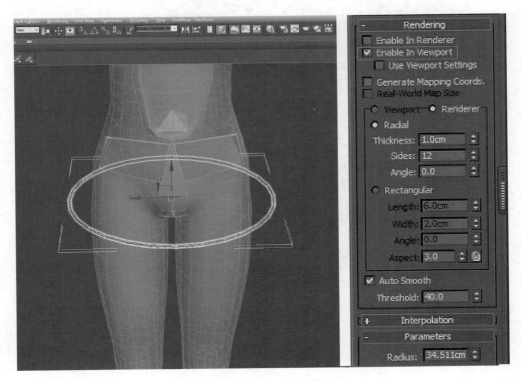

图 3-29 在视图中启用渲染属性

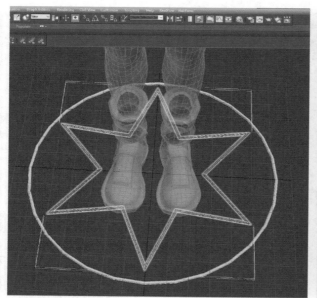

图 3-30　创建星形

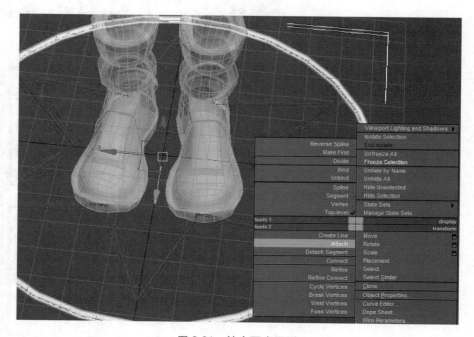

图 3-31　结合两个图形

（22）框选臀部骨骼 Hip bone，单击主工具栏中的 ⬚（选择并链接）工具，在视图中由骨骼 Hip bone 拖动鼠标移至臀部控制器 Hip controller 上，出现链接图标时利用单击操作将它们链接在一起，如图 3-32 所示。

（23）使用相同的操作步骤，将臀部控制器 Hip controller 链接到总控制器 Total controller 上，如图 3-33 所示。

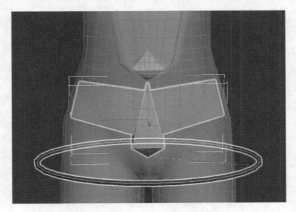

图 3-32　链接骨骼和控制器

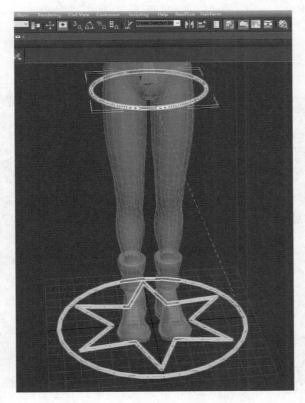

图 3-33　链接臀部控制器和总控制器

（24）选择 Animation→Bone Tools 命令，在弹出的 Bone Tools 窗口中，单击 Create Bones 按钮，在视图中的大腿根部位置单击并向下拖动鼠标创建一根骨头，如图 3-34 所示。

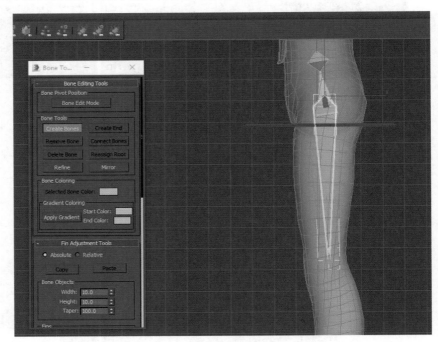

图 3-34　创建骨头

（25）继续单击并拖动鼠标，再创建 4 根骨头，并依次修改骨头的名称，如图 3-35 所示。

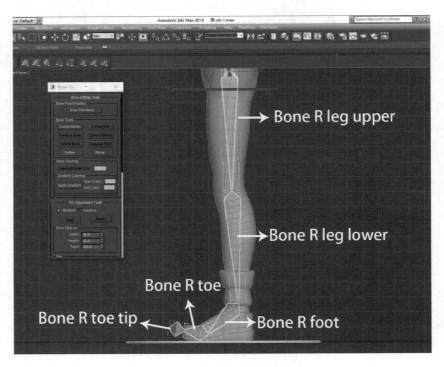

图 3-35　创建腿部骨骼

（26）在 Bone Tools 窗口中单击 Create Bones 按钮，在脚踝处单击并拖动鼠标创建一个骨骼，并右击结束骨骼创建过程，为骨骼命名如图 3-36 所示。

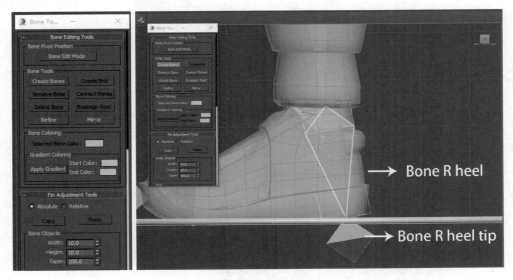

图 3-36　创建脚跟部位的骨骼

（27）拖动鼠标框选腿部的所有骨骼，在主工具栏中单击 镜像工具按钮，在弹出的镜像窗口中，将 Mirror Axis（镜像轴选择）项目中选择 X 复选框，在 Clone Selection（克隆当前选择）项目中选择 Copy（复制）复选框，如图 3-37 所示。

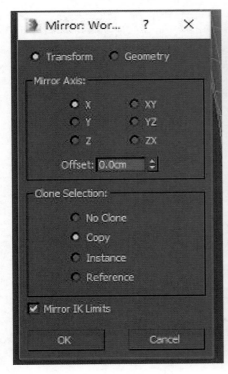
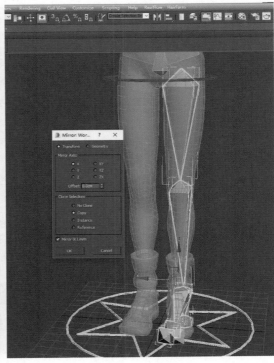

图 3-37　镜像复制另一侧骨骼

（28）选择右侧大腿根部骨骼，在界面底部坐标控制区，复制 X 后面的坐标数据，如图 3-38 所示。

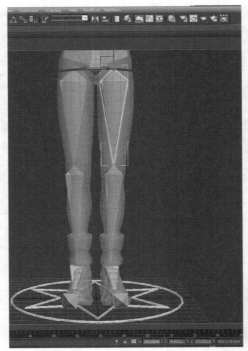

图 3-38　复制 X 轴数据

（29）选择左侧大腿根部骨骼，在界面底部坐标控制区，粘贴 X 轴的坐标数据，如图 3-39 所示。

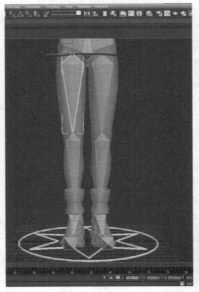

图 3-39　粘贴 X 轴数据

（30）拖动鼠标框选右侧腿部所有的骨骼，单击主工具栏中的移动工具，在按住 Shift 键的同时，再移动复制一套腿部骨骼，在弹出的 Clone Options（克隆选项）窗口中按图 3-40 所示进行设置，单击 OK 按钮关闭该窗口。

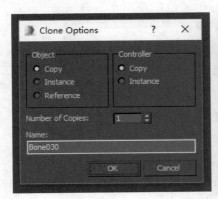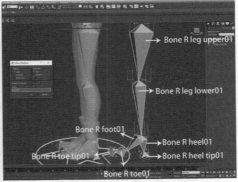

图 3-40 复制腿部骨骼系统

（31）为了便于后续的操作，框选刚刚复制的骨骼系统，选择 Animation→Bone Tools 命令，弹出 Bone Tools 窗口，在 Fin Adjustment Tools（鳍调整工具）卷展栏中，调节 Bone Objects（骨骼对象）参数和 Front Fin（前鳍）参数，设置完成效果如图 3-41 所示。

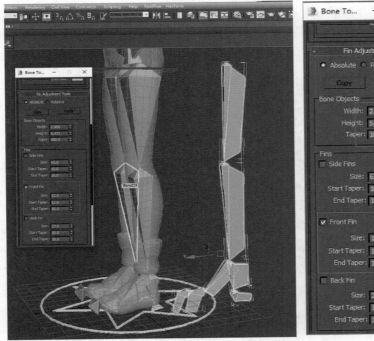

图 3-41 调节骨骼对象

（32）框选新复制的骨骼系统，在骨骼工具窗口的 Bone Coloring（骨骼着色）项目中，调节 Start Color（起点颜色）和 End Color（终点颜色），最后单击 Apply Gradient（应用渐变）按钮，完成着色，如图 3-42 所示。

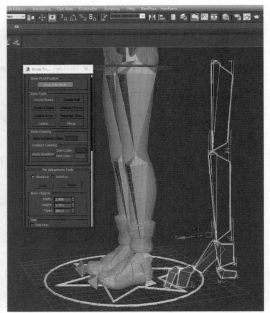

图 3-42　骨骼着色

注意：紫色骨骼系统作为 IK 编辑用，蒙皮时不用。

（33）框选骨骼"Bone R leg upper01"，单击主工具栏中的 ▣ 快速对齐工具按钮，然后再在场景中单击 Bone R leg upper 完成快速对齐，如图 3-43、图 3-44 所示。

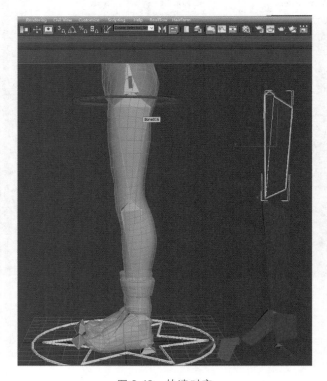

图 3-43　快速对齐

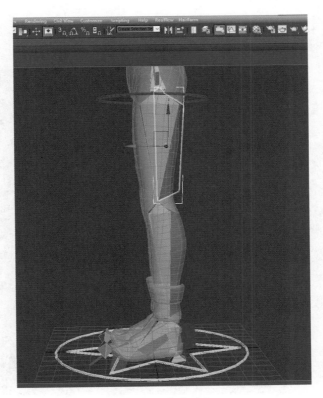

图 3-44 完成对齐

（34）框选骨骼 Bone R leg upper 和 Bone L leg upper，单击主工具栏中的 选择并连接工具按钮，然后在场景中按住鼠标左键拖动至骨骼 Hip bone 上出现链接图标，释放鼠标左键完成链接，如图 3-45 所示。

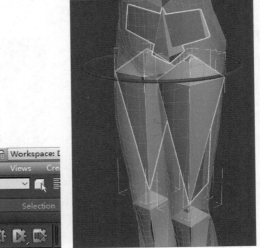

图 3-45 链接骨骼

（35）框选骨骼"Bone R leg lower01"，单击主工具栏中的 🔘 旋转工具按钮，在场景中向上旋转约 45°，旋转效果如图 3-46 所示。

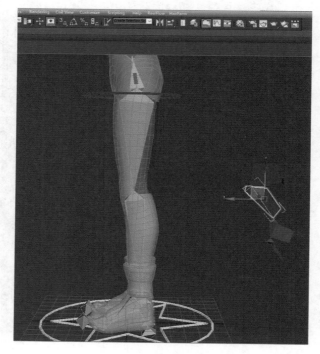

图 3-46　旋转骨骼

（36）框选骨骼"Bone R leg upper01"后，选择 Animation→IK Solvers（IK 解算器）→HI Solver（HI 解算器）命令，如图 3-47 所示。

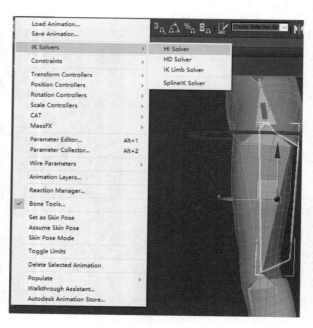

图 3-47　选择菜单命令

（37）选择好 HI 解算器后，在场景视图中单击骨骼"Bone R foot01"，完成 IK 链接并命名为"IK Chain001"，如图 3-48 所示。

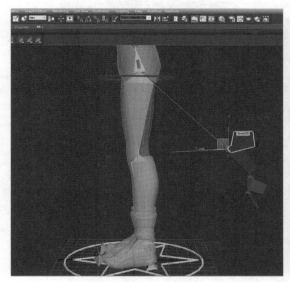

图 3-48　HI 解算器

（38）框选 IK 解算器控制器，单击主工具栏中的 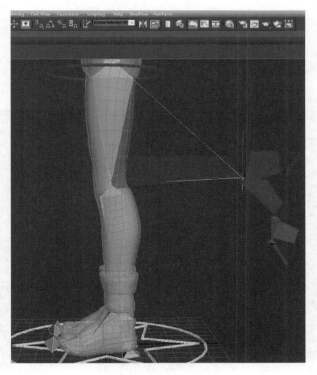 快速对齐工具按钮，然后在场景视图中单击 Bone R foot 完成快速对齐，如图 3-49、图 3-50 所示。

图 3-49　快速对齐

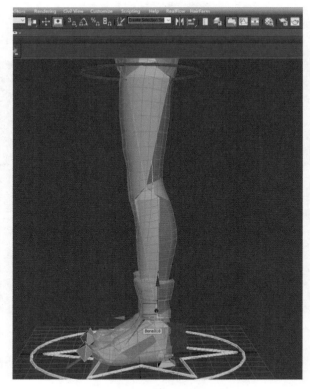

图 3-50　快速对齐结果

（39）框选 IK 解算器控制器，在修改命令面板中打开  运动命令面板，在 IK Display Options（IK 显示选项）卷展栏的 Goal Display（目标显示）项目中选择 Enabled（启用）复选框，并调节 Size（大小）参数，如图 3-51 所示。

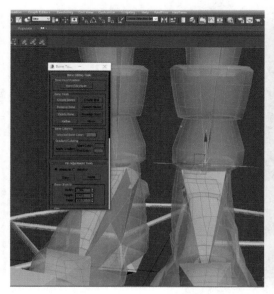

图 3-51　调节 IK 解算器控制器大小

（40）单击 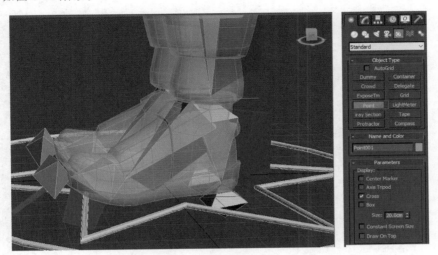 创建选项卡，在创建命令面板中单击 ⚙ 进入辅助对象创建命令面板，单击 Point（点）按钮，在场景视图中创建点帮助对象，作为腿部方向的控制器，并命名为 R leg direction controller，如图 3-52 所示。

图 3-52　创建点帮助对象

（41）选择刚创建的点 R leg direction controller，单击主工具栏中的 🔲 快速对齐按钮，在场景视图中单击骨骼"Bone R leg upper01"完成快速对齐，如图 3-53 所示。

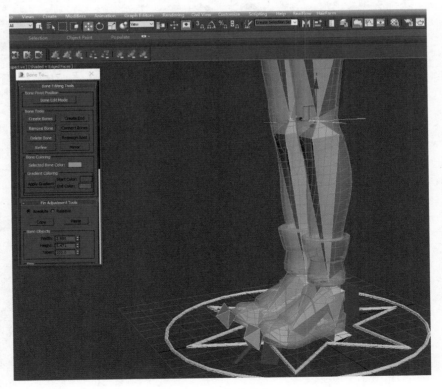

图 3-53　快速对齐

（42）框选 R leg direction controller，在 Y 轴正方向上使用主工具栏中的移动工具拖动到合适位置，如图 3-54 所示。

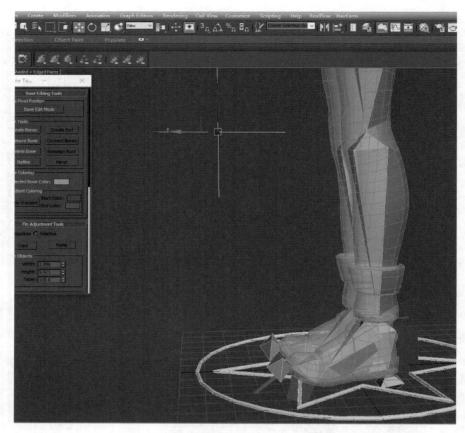

图 3-54　将腿部方向控制器移至合适位置

（43）框选 IK Chain001 链，在修改编辑命令面板中单击 运动按钮，进入运动命令面板，单击 Parameter(参数)按钮，在 IK Solver Properties(IK 解算器属性)卷展栏中，单击 Pick Target 项目下的 None 按钮，如图 3-55 所示。

（44）在场景视图中选择 R leg direction controller 作为腿部 IK 链接方向控制目标点，如图 3-56 所示。

（45）框选骨骼"Bone R foot01"，选择 Animation→IK Solvers(IK 解算器)→HI Solver(HI 解算器)命令，然后在场景视图中单击选择骨骼"Bone R toe01"完成 IK 链接，并命名为"IK Chain002"，如图 3-57 所示。

（46）完成 IK 链接后，单击 运动按钮，进入运动命令面板，单击 Parameter 按钮，在 IK Solver Properties 卷展栏的 Parent Space(父空间)项目中选择 IK Goal(IK 目标)复选框，如图 3-58 所示。

（47）在 IK Solver 卷展栏中，单击 Preferred Angles(首选角度)项目中的 Assume Pref Angles(采用首选角度)按钮，如图 3-59 所示。

（48）在 IK Solver 卷展栏中，单击 Enabled(启用)按钮，如图 3-60 所示。

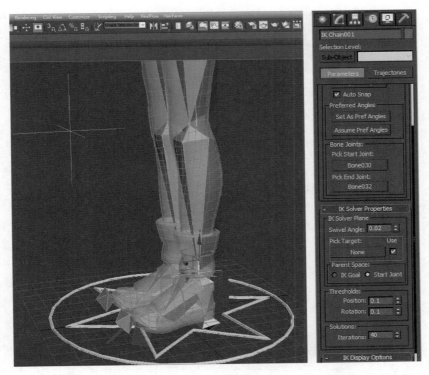

图 3-55　选择 IK 解算器目标

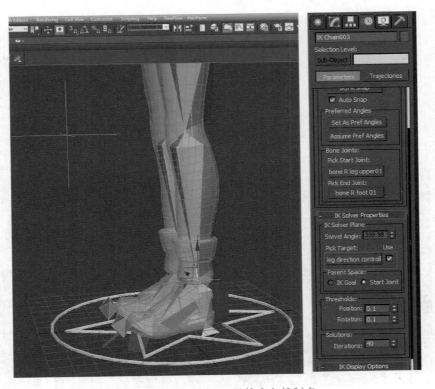

图 3-56　选择腿部 IK 链接方向控制点

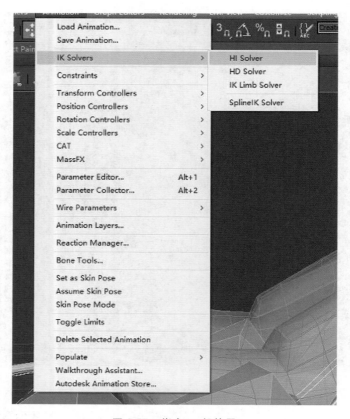

图 3-57 指定 HI 解算器

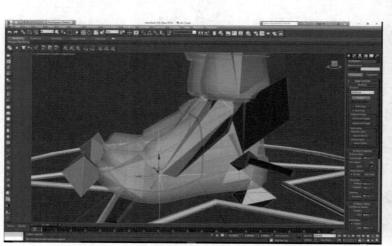

图 3-58 选择 IK 目标复选框

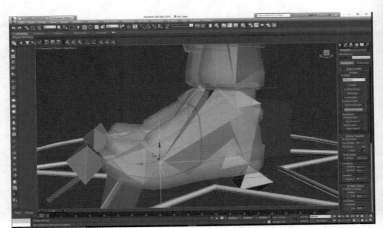

图 3-59 采用首选角度

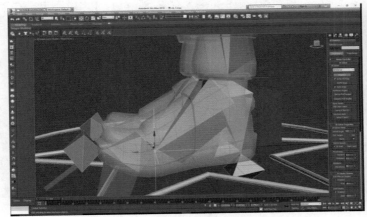

图 3-60 单击启用按钮

（49）选择 Animation→IK Solvers→HI Solver 命令，然后在场景视图中单击选择骨骼"Bone R toe tip01"完成 IK 链接指定，并将其命名为"IK Chain003"，如图 3-61 所示。

（50）在创建命令面板中单击 图形按钮，进入二维图形对象创建命令面板，单击其下的 Rectangle（矩形）按钮，在场景视图中单击并拖动鼠标创建矩形，如图 3-62 所示。

（51）确定刚刚创建的矩形处于选取状态，在其上右击，从弹出的快捷菜单中选择 Convert To Editable Spline（转换为可编辑样条曲线）命令，如图 3-63 所示。

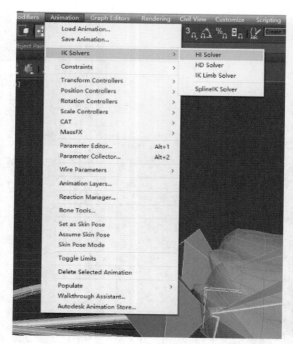
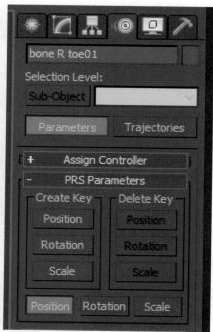

图 3-61　创建 IK 链接

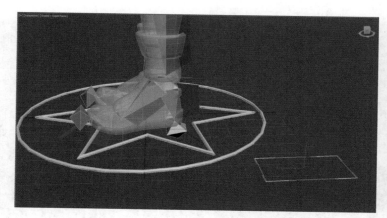

图 3-62　创建矩形

（52）把刚刚创建的矩形移至脚下如图 3-64 所示的位置，并将其命名为 R foot control，如图 3-64 所示。

（53）将矩形转换为可编辑样条曲线。

（54）在修改编辑堆栈中下拉编辑框并选择 Vertex（节点）层级，在场景视图的矩形上右击，选择 Refine（细化）命令，如图 3-65 所示。

（55）在矩形上需要增加节点的位置单击鼠标加入节点，如图 3-66 所示。

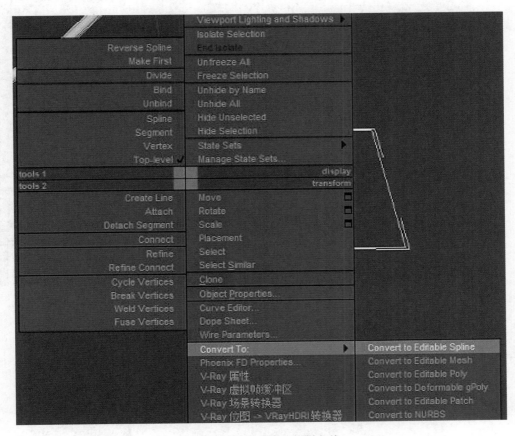

图 3-63　转换为可编辑样条线

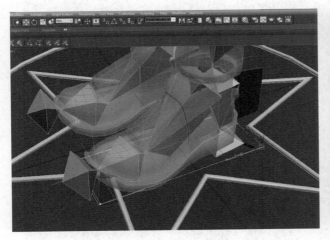

图 3-64　移动矩形

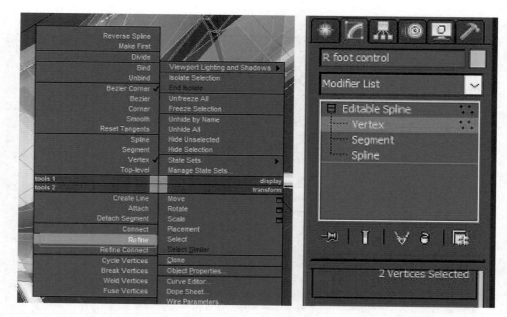

图 3-65　选择细化命令

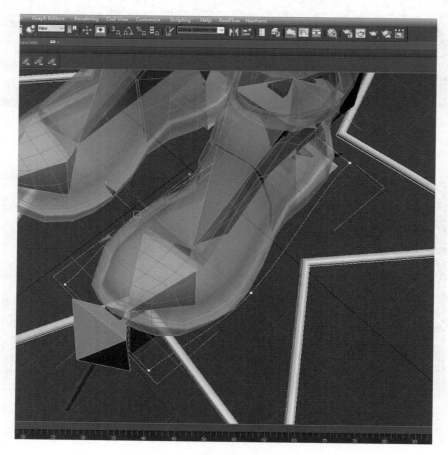

图 3-66　增加节点

（56）框选需要编辑的节点，在修改编辑命令面板的 Geometry（几何结构）卷展栏中，单击 Fillet（圆角）按钮，并调节其后面的参数，如图 3-67 所示。

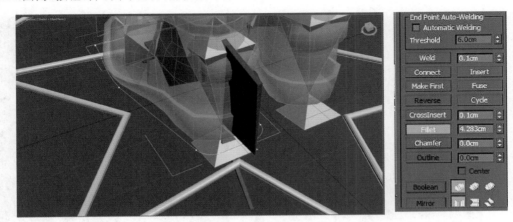

图 3-67　进行圆角编辑

（57）在修改编辑堆栈中返回到可编辑样条曲线顶级编辑层级，在 Rendering（渲染）卷展栏中，选择 Enable In Viewport（在视图中启用）选项，如图 3-68 所示。

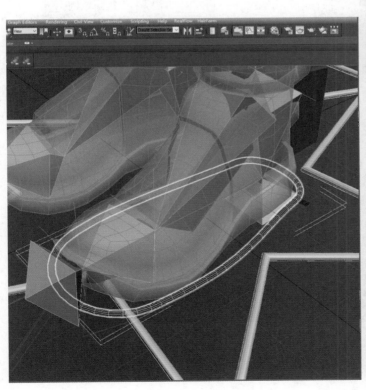

图 3-68　设置样条曲线的可渲染属性

（58）单击主工具栏中的 🔗 链接工具按钮，将脚控制器 R foot control 链接到总控制器 Total controller 上，如图 3-69 所示。

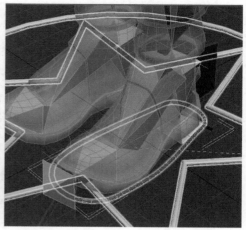

图 3-69　链接控制器

（59）同样使用主工具栏中的 🔗 链接工具按钮，将脚部三个 IK 链"IK Chain001""IK Chain002""IK Chain003"链接到脚控制器 R foot control 上，如图 3-70 所示。

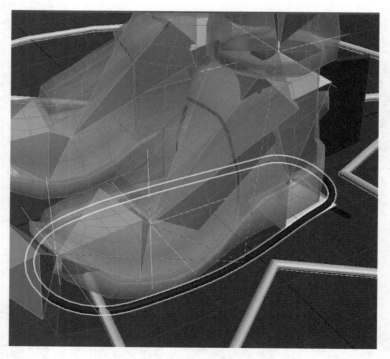

图 3-70　将 IK 链链接到控制器

（60）使用 🔗 链接工具，将右腿部方向控制器 R leg direction controller 链接到脚部控制器 R foot control 上，如图 3-71 所示。

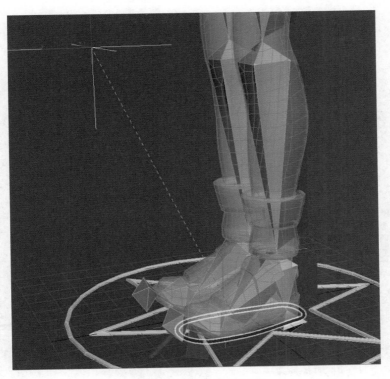

图 3-71 链接两个控制器

（61）框选脚部控制器 R foot control，按 Alt 键的同时右击，在弹出的快捷菜单中选择 Freeze Transform（冻结变换）命令，如图 3-72 所示。在弹出的确认窗口中单击"是"按钮。

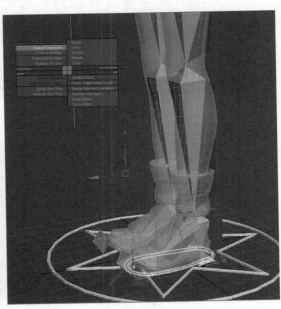

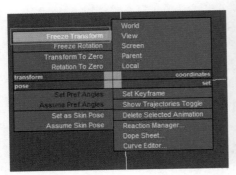

图 3-72 冻结变换

（62）框选骨骼 Bone R leg upper 后，选择 Animation → Constraints（约束）→ Orientation Constraint（方向约束）命令，然后在场景视图中单击对应的骨骼"Bone R leg upper01"完成方向约束，如图 3-73 所示。

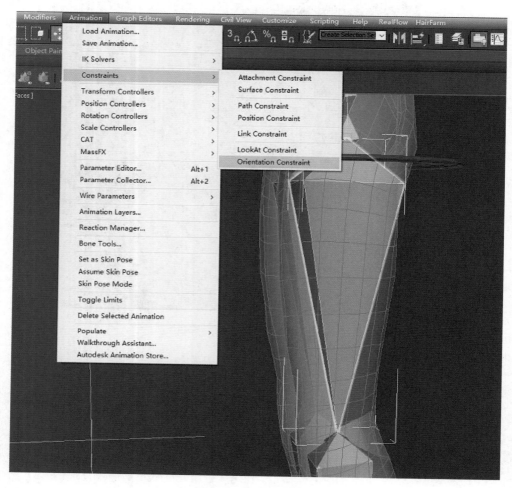

图 3-73　指定方向约束

注意：方向约束的功能是使一个物体跟另一个物体同步发生方向变化。

（63）依据相同的操作步骤，完成腿部骨骼系统的方向约束指定，如图 3-74 所示。

（64）框选脚部控制器 R foot control，使用主工具栏中的移动工具向上移动脚部控制器，检测方向约束是否有遗漏，如图 3-75 所示。

注意：检查完成后按快捷键 Ctrl＋Z 返回原始状态。

（65）在创建命令面板中单击 ⬤ 几何体按钮，进入几何对象创建命令面板，单击其下的 Box（长方体）按钮，在场景视图中单击并拖动鼠标创建一个长方体，如图 3-76 所示。

（66）在刚刚创建的长方体上右击，在弹出的快捷菜单中选择 Convert To Editable Poly（转换为可编辑多边形）命令，如图 3-77 所示。

（67）从修改编辑堆栈中下拉编辑框并选择 Polygon（多边形面）层级，在场景视图中框选长方体前后两侧面和底面的多边形面，按 Delete 键删除选定的面，如图 3-78 所示。

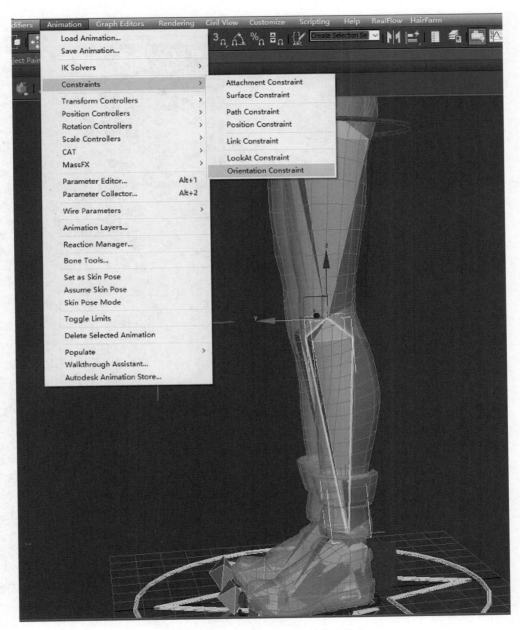

图 3-74　指定腿部骨骼系统的方向约束

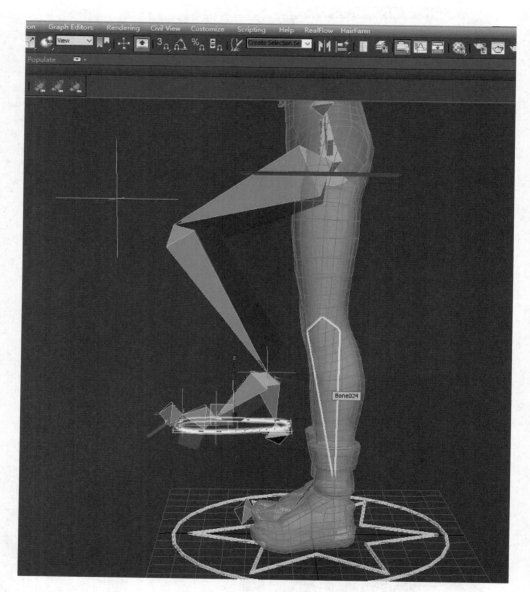

图 3-75　检查方向约束

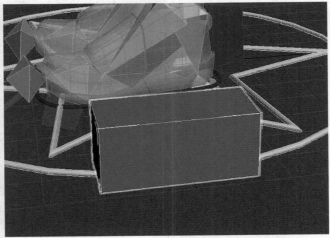

图 3-76 创建长方体

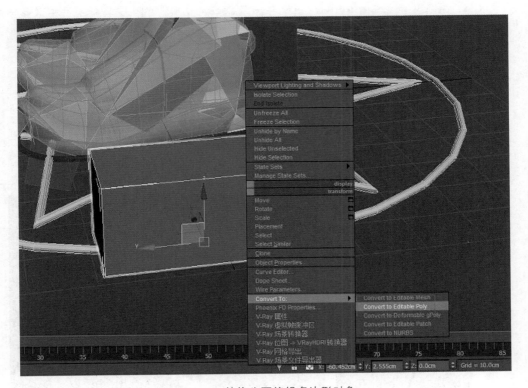

图 3-77 转换为可编辑多边形对象

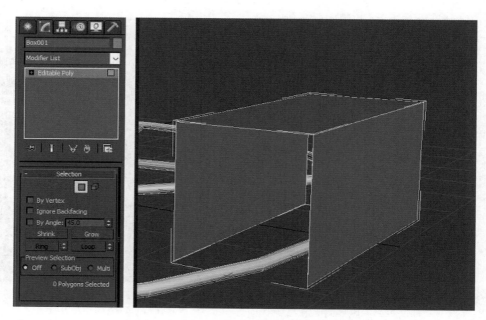

图 3-78　删除选定的面

（68）在修改编辑堆栈中下拉编辑框并选择 Border（边界）层级，在场景视图中选择长方体的边界，如图 3-79 所示。

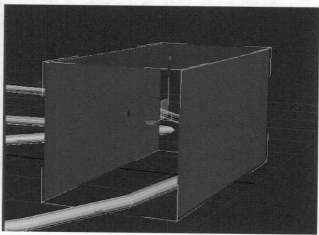

图 3-79　选择边界

（69）在修改编辑命令面板的 Edit Borders（编辑边界）卷展栏中，单击 Create Shape From Selection（利用所选边界创建图形）按钮，在弹出的创建图形窗口中，将曲线命名为默认的"Shape001"，将图形类型指定为 Linear（线性），然后单击 OK 按钮关闭该窗口，如图 3-80 所示。

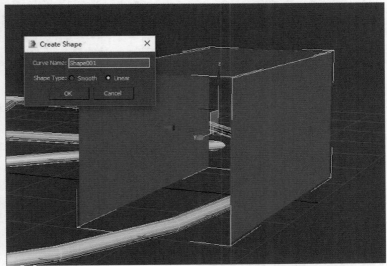

图 3-80　利用所选边界创建图形

（70）删除长方体对象，确认刚刚创建的图形"Shape001"处于选取状态，在修改编辑命令面板的 Rendering（渲染）卷展栏中选择 Enable In Viewport 复选框，如图 3-81 所示。

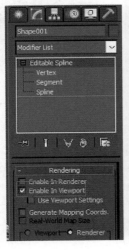
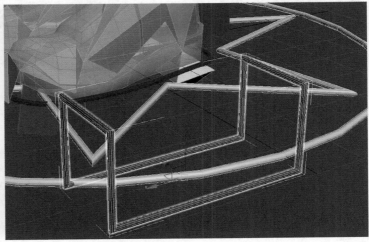

图 3-81　设置曲线的可渲染属性

（71）使用主工具栏中的 ⟳ 旋转工具，将曲线"Shape001"旋转到合适位置，如图 3-82 所示。

（72）框选曲线"Shape001"，单击 ▦ 层次选项卡，进入层级命令面板，单击 Pivot（轴心点）按钮，在 Adjust Pivot（调整轴心点）卷展栏中单击 Affect Pivot Only（仅影响轴心点）按钮，如图 3-83 所示。

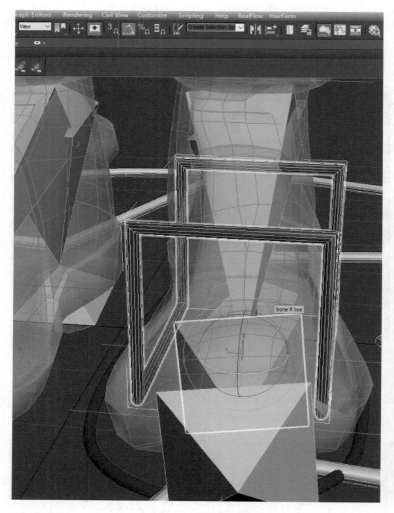

图 3-82　旋转曲线

图 3-83　单击仅影响
轴心点按钮

（73）在场景视图中，利用主工具栏中的移动工具，把轴心点移动到左下角作为旋转中心，如图 3-84 所示。再次单击 Affect Pivot Only 按钮，取消轴心点的编辑状态。

（74）框选 IK 链"IK Chain001""IK Chain002"，单击主工具栏中的 ⊗ 链接工具按钮，将它们链接到曲线"Shape001"上，如图 3-85 所示。

（75）框选曲线"Shape001"，使用主工具栏中的移动工具，按下 Shift 键的同时，在场景视图中进行移动复制，弹出克隆选项窗口，选择 Copy 选项，名称为默认的"Shape002"，如图 3-86 所示。

（76）利用主工具栏中的旋转工具，将"Shape002"旋转为与脚平行的状态，如图 3-87 所示。

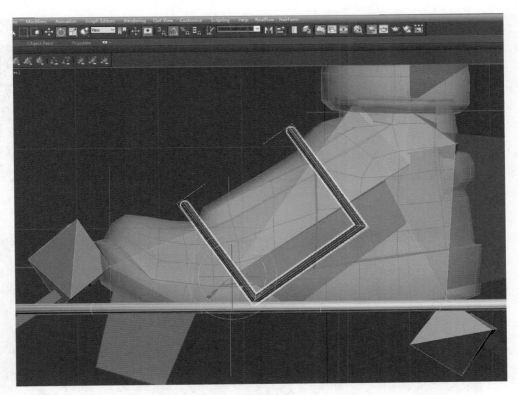

图 3-84 移动轴心点

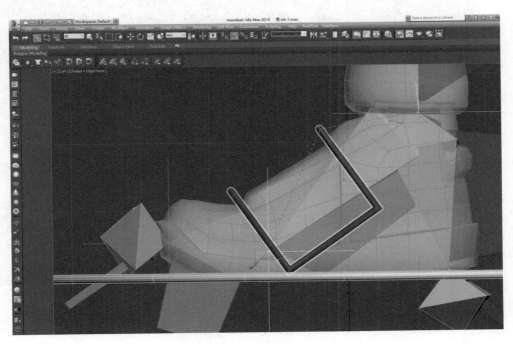

图 3-85 链接对象

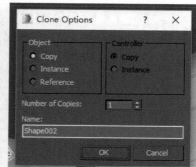

图 3-86　移动复制曲线

图 3-87　旋转"Shape002"

（77）框选曲线"Shape002"，单击主工具栏中的 ![缩放] 缩放工具按钮，将其缩小，如图 3-88 所示。

（78）框选 IK 链"IK Chain003"，单击主工具栏中的 ![链接] 链接工具按钮，将它链接到曲线"Shape002"上，如图 3-89 所示。

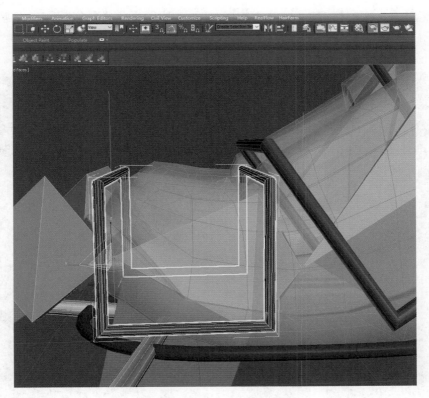

图 3-88 缩小图形对象

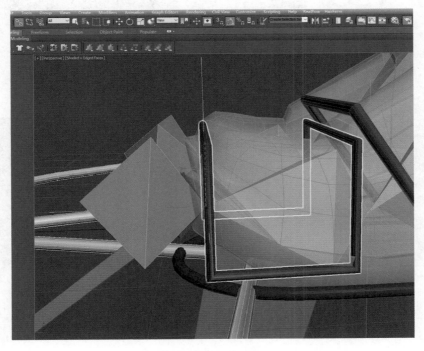

图 3-89 链接对象

（79）框选曲线"Shape002"，单击 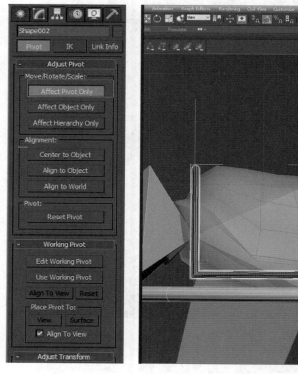 层次选项卡，进入层级命令面板，单击 Pivot 按钮，并在 Adjust Pivot 卷展栏中单击 Affect Pivot Only 按钮，在场景视图中利用主工具栏中的移动工具，将轴心点移动到右侧相应位置作为旋转轴心，如图 3-90 所示。

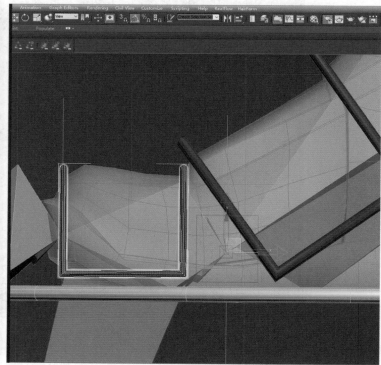

图 3-90　移动轴心点

（80）再次单击 Affect Pivot Only 按钮，取消轴心点的编辑状态。

（81）依据相同的操作步骤，再移动复制出曲线"Shape003"，如图 3-91 所示。

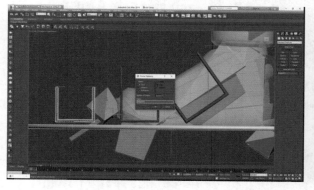
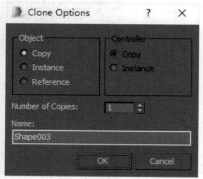

图 3-91　移动复制

（82）框选曲线"Shape003"，单击 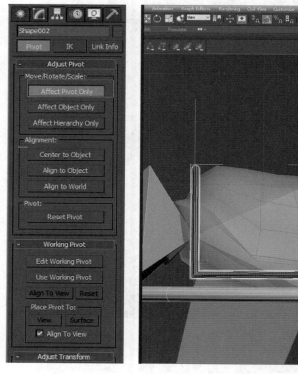 层次选项卡，进入层级命令面板，单击 Pivot 按钮，在 Adjust Pivot 卷展栏中单击 Affect Pivot Only 按钮，然后单击 Center To Object（居中到对象）按钮，如图 3-92 所示。

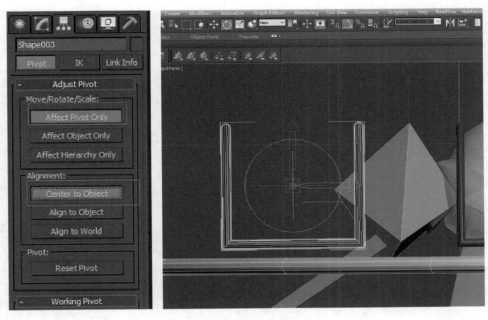

图 3-92　居中到对象

（83）框选曲线"Shape003"，使用主工具栏中的 ⟳ 旋转工具和 ⬙ 角度捕捉工具，在场景视图中将其在 X 轴方向旋转 90°，如图 3-93 所示。

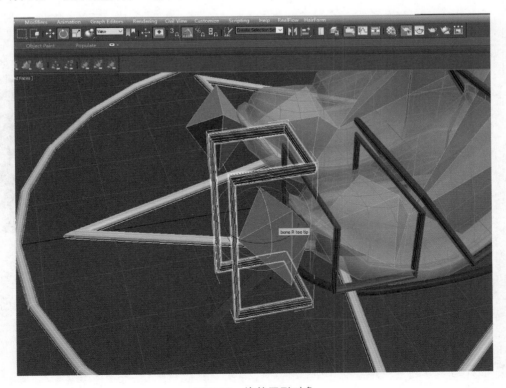

图 3-93　旋转图形对象

(84) 使用主工具栏中的移动工具将"Shape003"移至脚尖,并用缩放工具缩小到合适比例。

(85) 框选曲线"Shape001"和曲线"Shape002",单击主工具栏中的 🔗 链接工具按钮,将它们链接到曲线"Shape003"上,如图 3-94 所示。

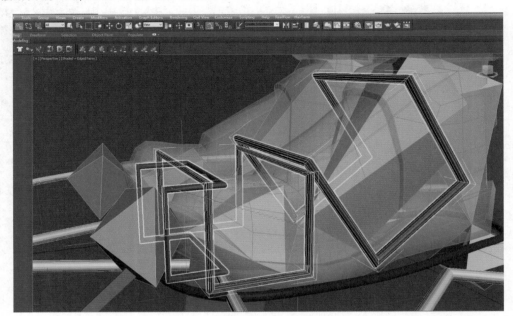

图 3-94　链接对象

(86) 使用相同的操作步骤,再移动复制出曲线"Shape004",如图 3-95 所示。

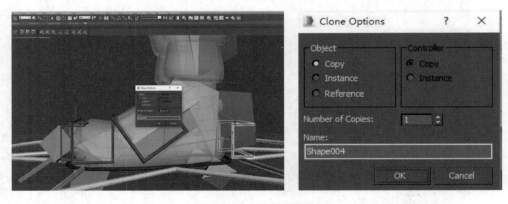

图 3-95　移动复制曲线

(87) 利用主工具栏中的旋转工具将曲线"Shape004"沿 Y 轴方向旋转 180°。

(88) 在修改编辑堆栈中下拉编辑框并选择节点层级,使用主工具栏中的移动工具通过移动节点调整曲线的形态,如图 3-96 所示。

(89) 框选曲线"Shape003",单击主工具栏中的 🔗 链接工具按钮,将其链接到曲线"Shape004"上,如图 3-97 所示。

(90) 框选曲线"Shape004",将其链接到右脚控制器 R foot control 上,如图 3-98 所示。

(91) 选择 Character→Bone Tools 命令,打开 Bone Tools 窗口,在右侧创建命令面板的 IK

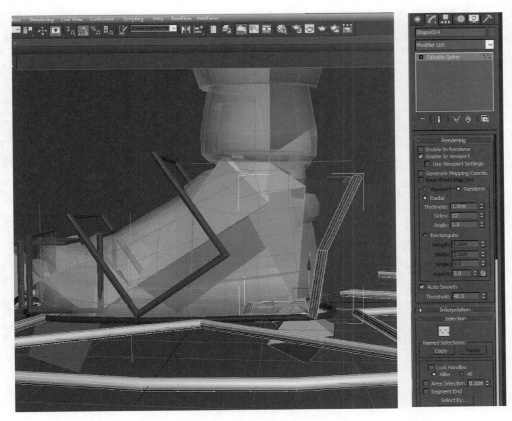

图 3-96　移动节点调整曲线形态

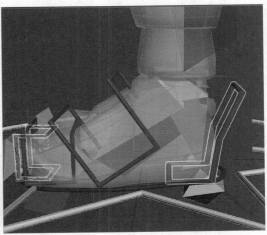

图 3-97　链接对象

Chain Assignment 卷展栏中，从 IK Solver 下拉列表中选择 Spline IK Solver（样条 IK 解算器）类型，同时选择 Assign To Children（指定到子对象）和 Assign To Root（指定到根对象）两个复选框，则会自动给创建的骨骼指定样条 IK 链接关系。

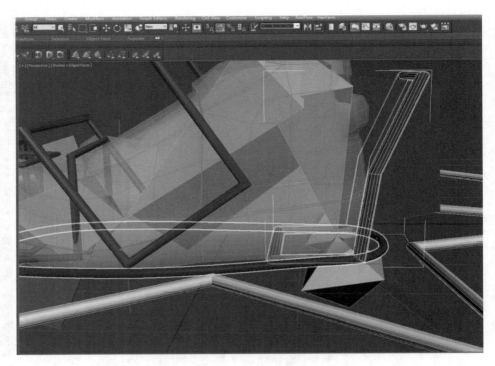

图 3-98　链接对象

（92）在 Bone Tools 窗口中单击 Create Bones 按钮，在场景视图中单击并由下向上拖动鼠标创建一个骨骼系统，右击结束创建骨骼，自动弹出样条 IK 解算器窗口，参数设置如图 3-99 所示。

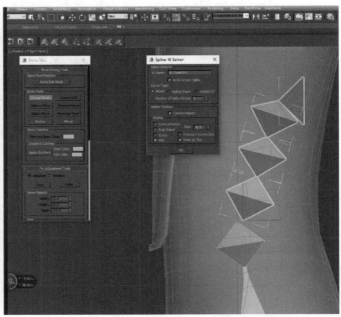

图 3-99　创建样条 IK 骨骼系统

（93）框选 IK 样条线，在修改编辑堆栈中下拉编辑框并选择节点层级，在场景视图中框选中间两个节点，按 Delete 键删除，如图 3-100 所示。

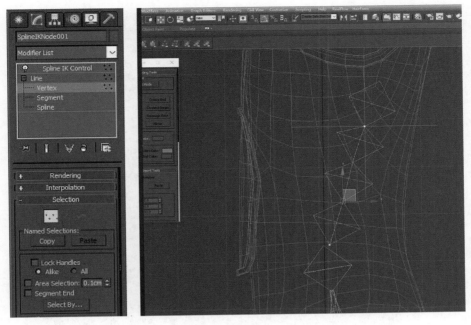

图 3-100　删除中间节点

（94）框选样条曲线顶部的节点，在其上右击，从弹出的快捷菜单中选择 Bezier Corner（贝塞尔角点）命令，如图 3-101 所示。

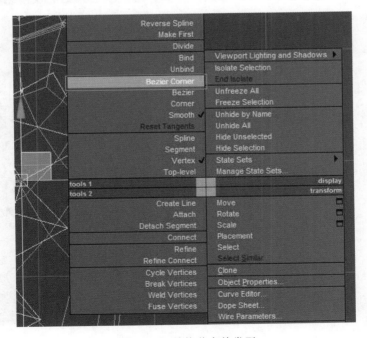

图 3-101　转换节点的类型

（95）利用贝塞尔角点的控制手柄，调节骨骼弯曲程度，使之与腰部的生理弯曲对应，如图 3-102 所示。

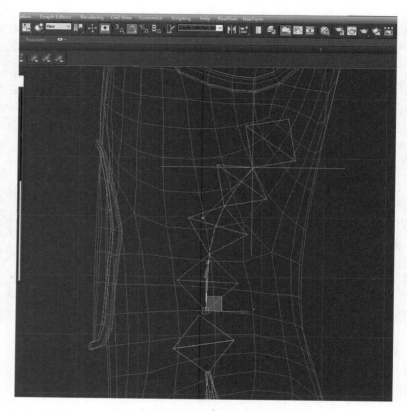

图 3-102　调节骨骼系统弯曲

（96）选择 Character→Bone Tools 命令，在弹出的 Bone Tools 窗口中，单击 Create Bones 按钮，在左视图中单击并由下向上拖动鼠标创建背部骨骼系统，如图 3-103 所示。

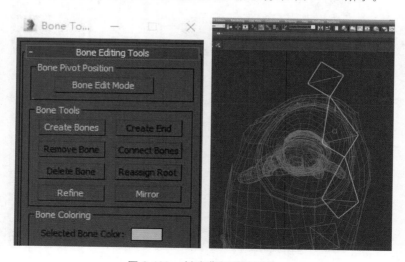

图 3-103　创建背部骨骼系统

（97）单击主工具栏中的 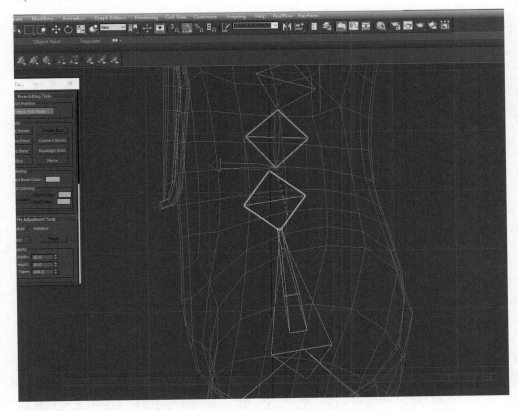 链接工具按钮，将腰部根部骨骼链接到骨盆部位骨骼末端 Hip bone tip 上，如图 3-104 所示。

图 3-104　链接骨骼

（98）在骨骼工具窗口中的 Object Properties（对象属性）卷展栏中，依次单击 Realign（重新对齐）和 Reset Stretch（重新拉伸）按钮，如图 3-105 所示。

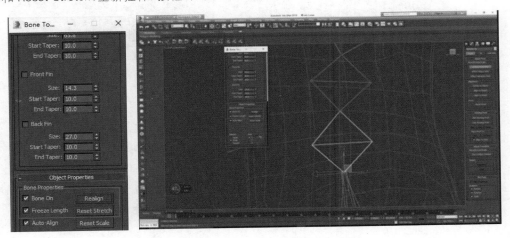

图 3-105　重新对齐

（99）单击主工具栏中的 链接工具按钮，将腰部末端骨骼链接到背部根部骨骼，如图 3-106 所示。

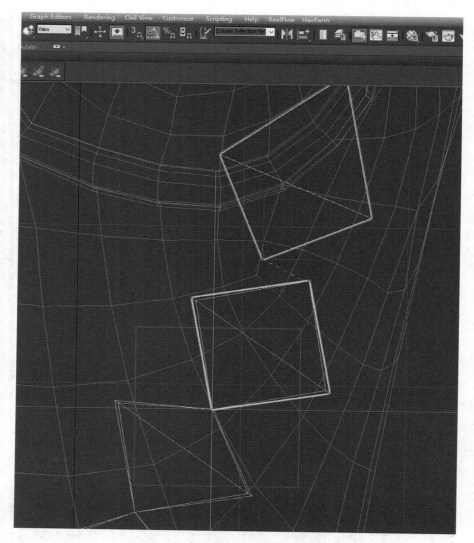

图 3-106　链接骨骼

（100）在骨骼工具窗口中的 Object Properties 卷展栏中，依次单击 Realign 和 Reset Stretch 按钮，使腰部末端骨骼和背部根部骨骼链接起来成为一个骨骼系统，如图 3-107 所示。

（101）单击主工具栏中的 链接工具按钮，将腰部根部骨骼的控制器链接到臀部骨骼末端 Hip bone tip 上，如图 3-108 所示。

（102）框选腰部末端骨骼的控制器，单击主工具栏中的 断开链接按钮，断开当前选择链接，如图 3-109 所示。腰部末端骨骼的控制器取消链接后，当腰部扭动的时候背部不会跟着扭动。

（103）在创建命令面板中单击 图形按钮，进入二维图形对象创建命令面板，如图 3-110 所示，单击其下的 Circle(圆形)按钮，在顶视图中单击并拖动鼠标创建一个圆形。

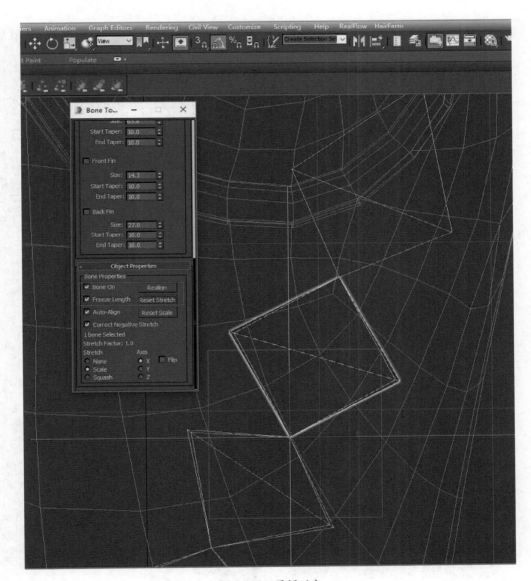

图 3-107 重新对齐

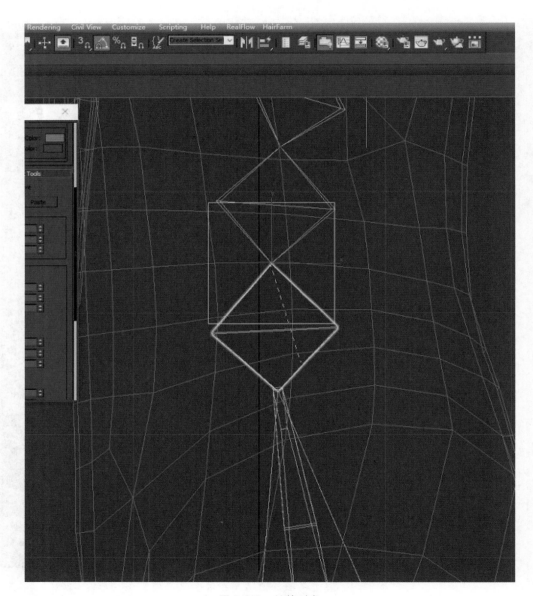

图 3-108　链接对象

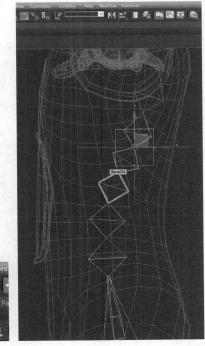

图 3-109　取消链接

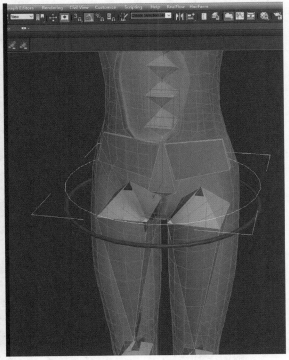

图 3-110　创建圆形

（104）框选刚刚创建的圆形，在其上右击，从弹出的快捷菜单中选择 Convert to Editable Spline 命令，将其转换为可编辑样条曲线，如图 3-111 所示。

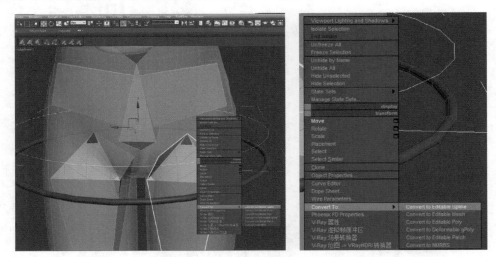

图 3-111　转换为可编辑样条线

（105）把刚创建的圆形命名为腰部控制器 Waist controller2，并在修改编辑堆栈中指定为节点次级结构编辑层级，通过移动节点调整曲线的形态，如图 3-112 所示。

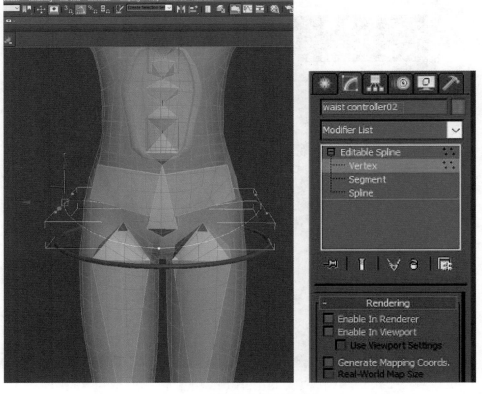

图 3-112　调节腰部控制器节点

（106）在修改编辑命令面板中选择 Enable In Viewport 复选框，如图 3-113 所示。

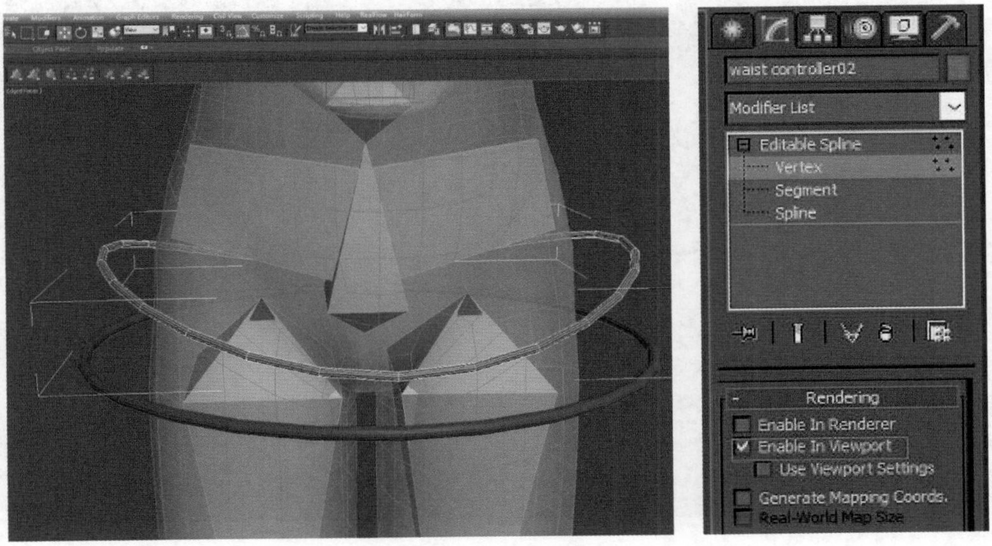

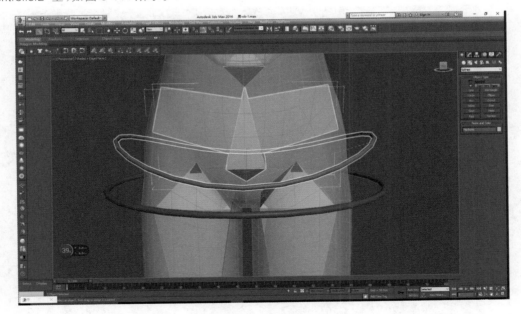

图 3-113　选择 Enable In Viewport 复选框

（107）单击主工具栏中的 链接工具按钮，将骨骼 Hip bone 链接到腰部控制器"Waist controller2"上，如图 3-114 所示。

图 3-114　链接对象

（108）单击主工具栏中的 链接工具按钮，将腰部控制器"Waist controller2"链接到臀部控制器 Hip controller 上，如图 3-115 所示。

（109）在创建命令面板中单击 辅助对象按钮，进入帮助对象创建命令面板，单击 Point

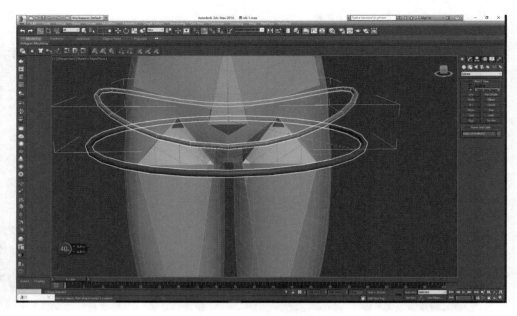

图 3-115　链接控制器

（点）按钮,在 Parameters 卷展栏中选择 Axis Tripod(三轴架)复选框,然后在场景视图中创建 4 个点帮助对象,如图 3-116 所示。

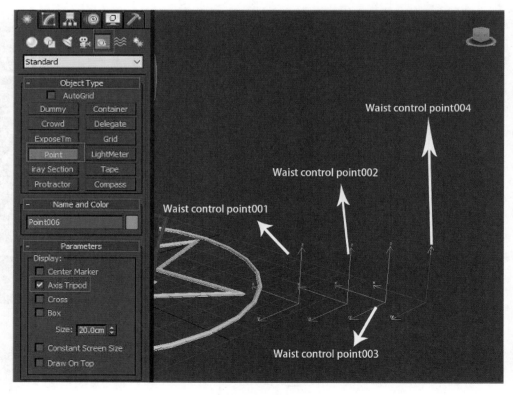

图 3-116　创建点

（110）使用主工具栏中的 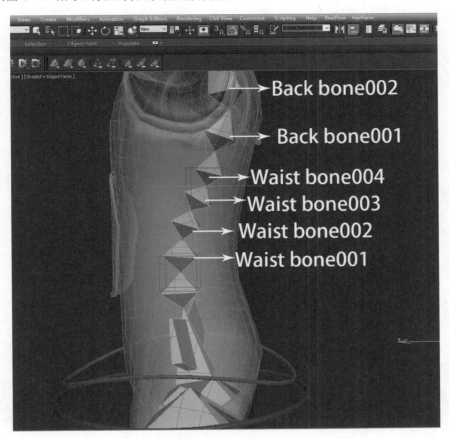 对齐工具，然后单击对应的腰部骨骼，出现对齐对话框，如图 3-117、图 3-118 所示，将点对齐到对应的骨骼点。

图 3-117　腰部和背部骨骼命名

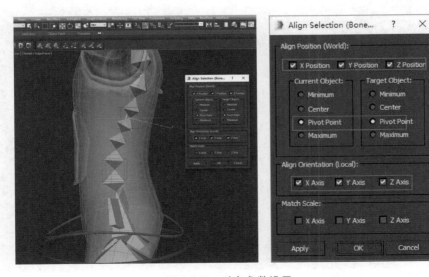

图 3-118　对齐参数设置

（111）单击主工具栏中的 ⟨🔗⟩ 链接工具按钮，将"Waist control point004"链接到"Waist control point003"上，如图3-119所示。

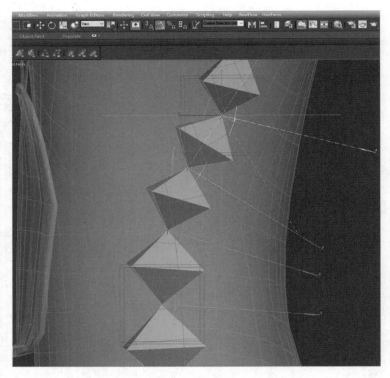

图3-119　链接到两个点

（112）依据相同的操作步骤，将"Waist control point003"链接到"Waist control point002"上，如图3-120所示，将"Waist control point002"链接到"Waist control point001"上。

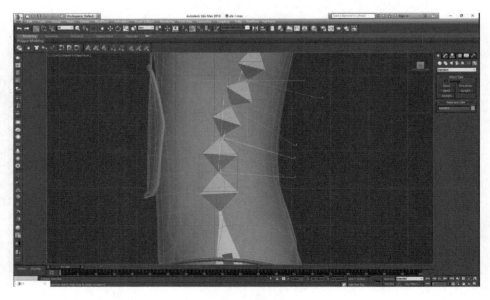

图3-120　链接点

（113）单击主工具栏中的 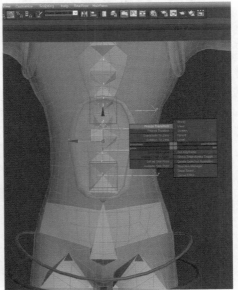 链接工具按钮，将"Waist control point001"链接到 Hip controller 上，如图 3-121 所示。

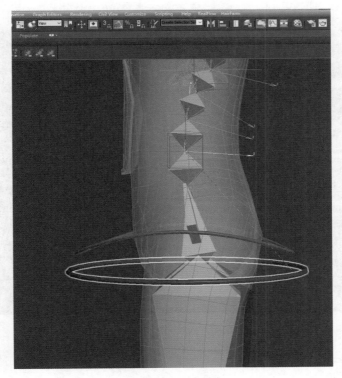

图 3-121 链接对象

（114）选择上身所有的控制器，按下 Alt 键的同时，右击，从弹出的快捷菜单中选择 Freeze Transform（冻结变换）命令，如图 3-122 所示。

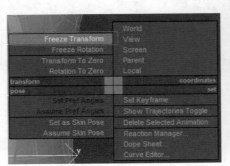

图 3-122 冻结变换

（115）在弹出的 Freeze Transforms 窗口中，单击"是"按钮关闭该提示窗口。将背部控制器转换为冻结变换状态，会自动创建零位置层，方便制作关联动画。

（116）按快捷键 Alt＋5，界面中出现 Parameter Wiring(参数关联)窗口，如图 3-123 所示。

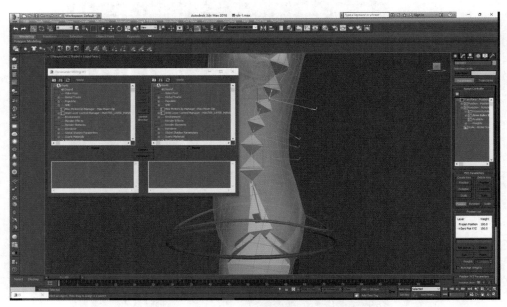

图 3-123　打开参数关联窗口

（117）在左侧列表选择"Waist control point003"，单击窗口左侧的刷新图标，找到该控制器下的零图层 Zero Euler XYZ:Euler XYZ，如图 3-124 所示。

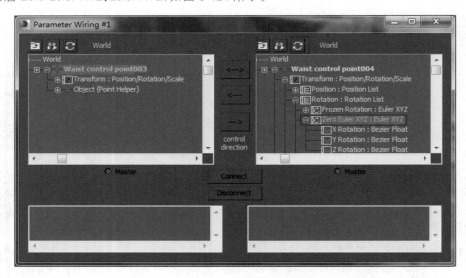

图 3-124　找到零图层

（118）再找到"Waist control point003"的零图层。在右侧列表选择"Waist control point004"的 Y Rotation 位置，在左侧列表选择"Waist control point003"的 Y Rotation 位置，单击 ⟵ 控制关联按钮，然后单击 Connect 按钮，如图 3-125 所示。

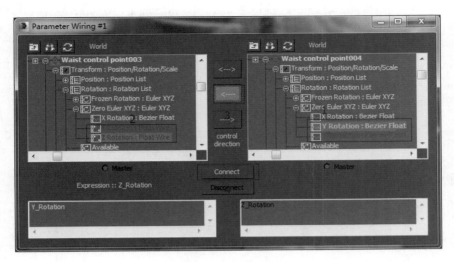

图 3-125　关联设置

注意：以上两步操作过程是指定"Waist control point004"控制"Waist control point003"。

（119）依据相同的操作步骤，指定"Waist control point004"的 Z Rotation 位置控制"Waist control point003"的 Z Rotation 位置。

（120）依据相同的操作步骤，依次指定"Waist control point003"控制"Waist control point002"的 Y、Z Rotation 位置；"Waist control point002"控制"Waist control point001"的 Y、Z Rotation 位置，如图 3-126 所示。

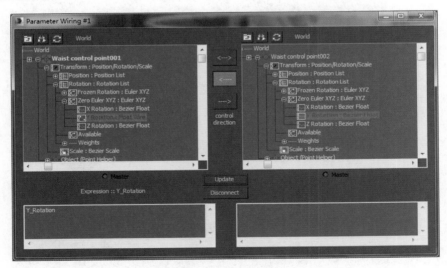

图 3-126　关联动画参数

（121）框选"Waist bone control frame001"，单击主工具栏中的 选择链接工具按钮，在场景视图中由骨骼"Waist bone control frame001"拖动鼠标移至腰部控制器"Waist control point004"上，出现链接图标时单击链接成功，如图 3-127 所示。

（122）框选控制器"Waist control point004"，利用主工具栏中的旋转工具任意调节旋转角度，测试关联动画效果，如图 3-128 所示。

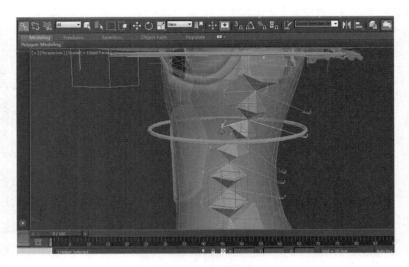

图 3-127　链接对象

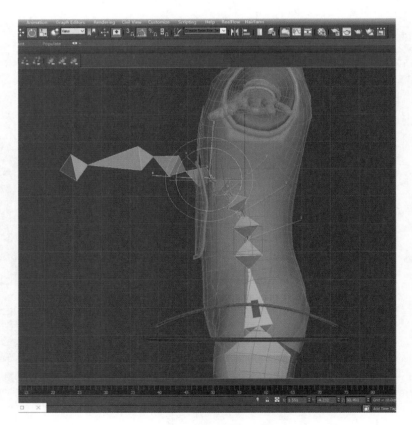

图 3-128　测试关联动画效果

（123）框选骨骼"Back bone001"，单击主工具栏中的选择链接工具按钮，将其链接到骨骼"Waist bone002"，如图 3-129 所示。

（124）框选骨骼"Back bone001"，选择 Animation→IK Solvers(IK 解算器)→HI Solver(HI 解算器)命令，然后在场景视图中单击选择骨骼"Back bone002"完成 IK 链接，如图 3-130 所示。

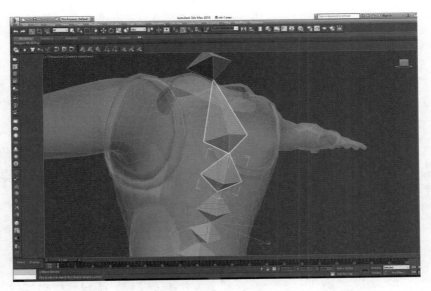

图 3-129 链接骨骼

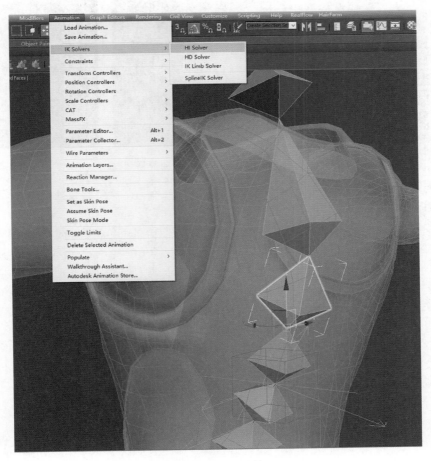

图 3-130 IK 链接

（125）指定完成 IK 链接后,骨骼"Back bone002"出现一定方向角度的扭曲。进入运动命令面板,单击 Parameters 按钮,在 IK Solver Properties 卷展栏中,选择 Parent Space(父空间)项目下的 IK Goal(IK 目标)选项,如图 3-131 所示。

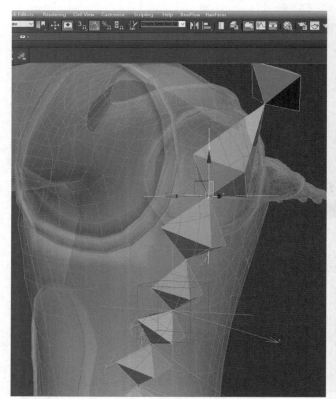

图 3-131　设置 IK 解算器属性

注意：此时创建 IK 链接,选择采用首选角度,是为了当腰部扭动时,背部扭动幅度变小,颈部不跟随扭动,使之和人体运动特性更为相似。

（126）在命令面板的 Preferred Angles(首选角度)项目下单击 Assume Pref Angles(采用首选角度)按钮,然后再单击 Enabled(启用)按钮,如图 3-132 所示。

（127）在创建命令面板中单击 ■ 辅助对象按钮,进入帮助对象创建命令面板,单击 Point 按钮,在 Parameters 卷展栏中选择 Axis Tripod 选项,然后在场景视图中创建两个点"Back bone control point001"和"Back bone control point002",如图 3-133 所示。

（128）框选骨骼"Back bone002",选择 Animation→IK Solvers→HI Solver 命令,然后在场景视图中单击选择骨骼 Back bone tip 完成 IK 链接,如图 3-134 所示。

（129）框选控制器"Back bone control point001",在运动命令面板的 IK Solver Plane 项目中,将 Swivel Angle(回转角度)参数设置为 0,如图 3-135 所示。

（130）框选"Back bone control point001",使用主工具栏中的 ■ 对齐工具,然后单击对应的腰部骨骼"Back bone001",出现对齐窗口,参数设置如图 3-136 所示。

（131）依据相同的操作步骤,将控制点"Back bone control point002"与骨骼"Back bone002"进行对齐,如图 3-137 所示。

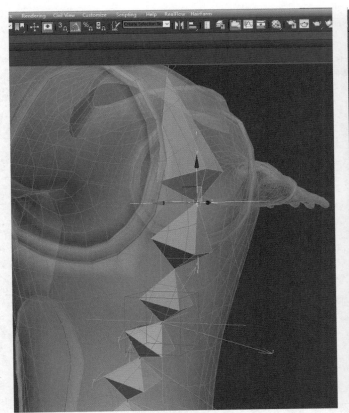

图 3-132 启用首选角度

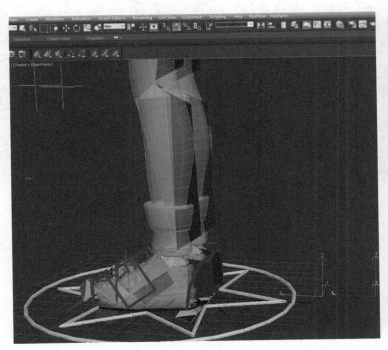

图 3-133 创建点控制器

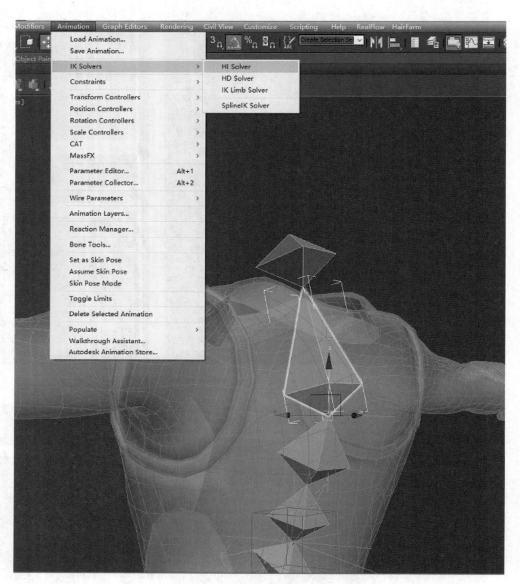

图 3-134　完成 IK 链接

　　（132）框选"IK Chain010"，单击主工具栏中的 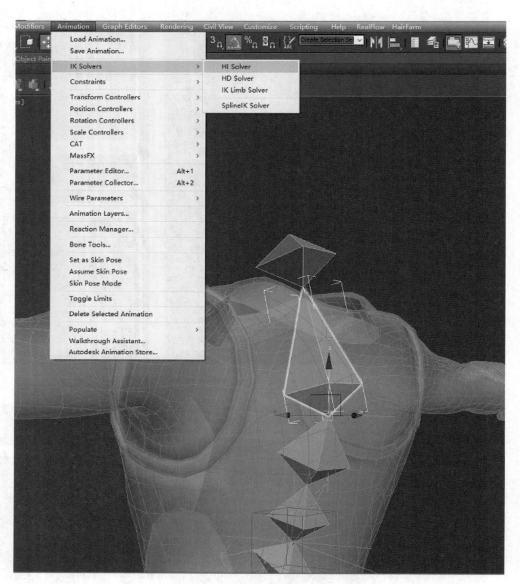 链接工具按钮，选择并链接工具，在场景视图中由骨骼"IK Chain010"拖动鼠标移至腰部控制器"Waist control point004"上，出现链接图标时单击链接成功，如图 3-138 所示。

　　（133）依据相同的操作步骤，将"Back bone control point002"链接到"Waist control point004"上，如图 3-139 所示。

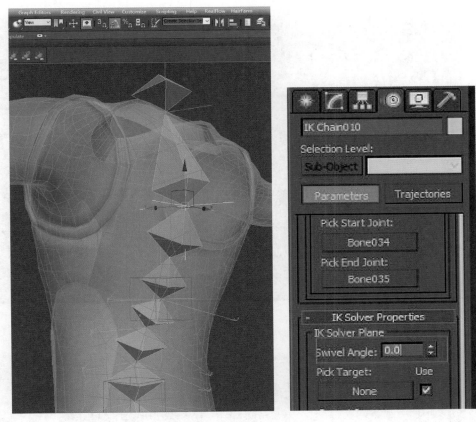

图 3-135　设置回转角度为 0

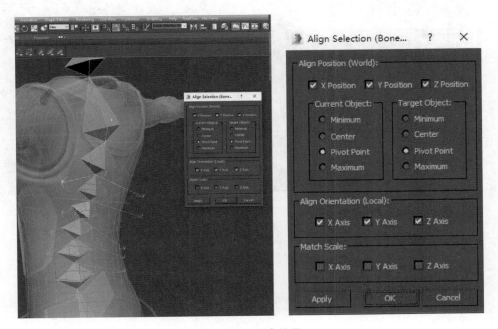

图 3-136　对齐设置

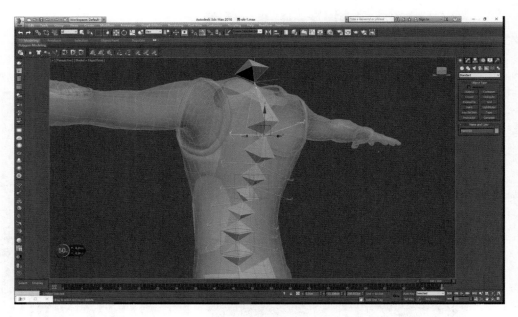

图 3-137　对齐对象

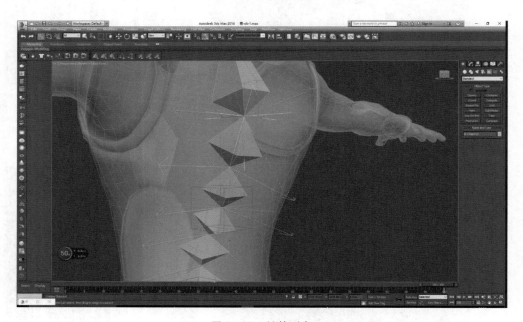

图 3-138　链接对象

（134）框选骨骼"Back bone002"，选择 Animation→Constraints→Orientation Constraint（方向约束）命令，然后在场景视图中单击对应的控制器"Back bone control point002"完成方向约束，如图 3-140 所示。

（135）框选"Back bone control point001"和"Back bone control point002"，按下 Alt 键的同时右击，从弹出的快捷菜单中选择 Freeze Transform 命令，如图 3-141 所示。在弹出的 Freeze Transforms 窗口中单击"是"按钮，关闭该提示窗口。

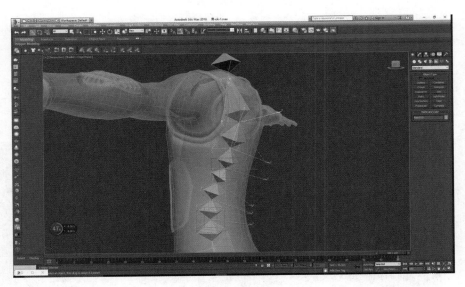

图 3-139　链接对象

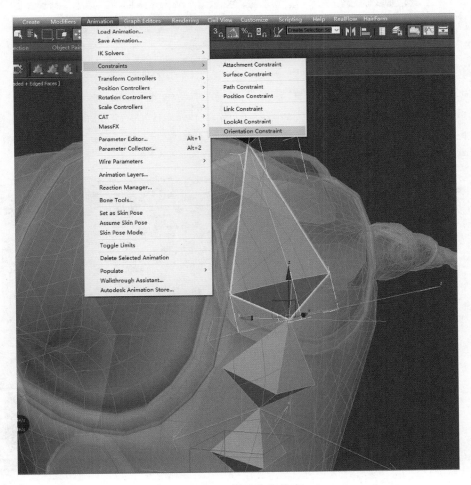

图 3-140　指定方向约束

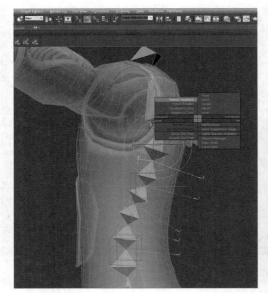
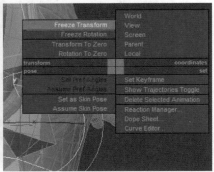

图 3-141　冻结变换

（136）按快捷键 Alt＋5，弹出数据关联窗口，在右侧列表选择"Back bone control point002"，单击窗口左侧上部的刷新按钮，找到控制器下的零图层 Zero Euler XYZ：Euler XYZ，用同样方法找到"Back bone control point001"的零位置。在右侧列表选择"Back bone control point002"的 Y Rotation 位置，在左侧列表选择"Back bone control point001"的 Y Rotation 位置，单击 控制关联图标，然后单击 Connect 按钮。依据相同的操作步骤对 Z Rotation 位置也进行数据处理，如图 3-142 所示。

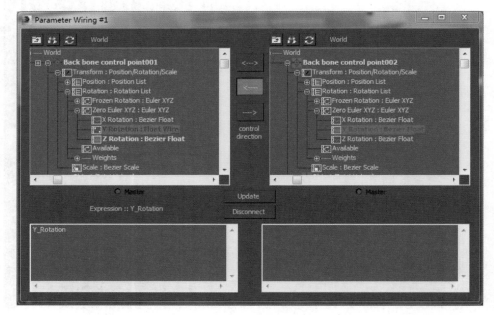

图 3-142　设置数据关联

（137）在创建命令面板中单击 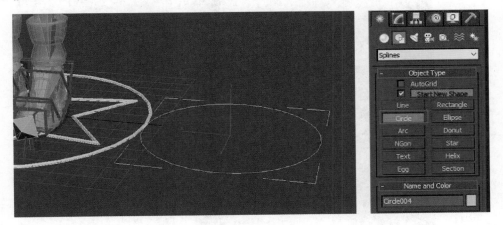 图形按钮，进入二维图形对象创建命令面板，单击其下的 Circle 按钮，在顶视图中单击并拖动鼠标创建一个圆形，如图 3-143 所示。

图 3-143　创建圆形

（138）确定刚刚创建的圆形处于选取状态，右击，从弹出的快捷菜单中选择 Convert to Editable Spline，将其转换为可编辑样条曲线。

（139）选择圆形，单击主工具栏中的 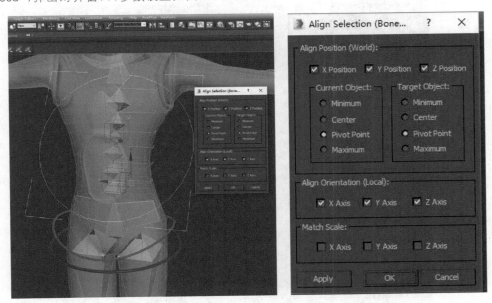 对齐工具按钮，然后选择场景中的骨骼"Waist bone003"，弹出对齐窗口，参数设置如图 3-144 所示。

图 3-144　对齐编辑

（140）在修改编辑命令面板的 Rendering 卷展栏中，选择 Enable In Viewport 复选框，如图 3-145 所示。

（141）依据相同的操作步骤，再创建一个圆形控制器，并将其移至胸腔位置，如图 3-146 所示。

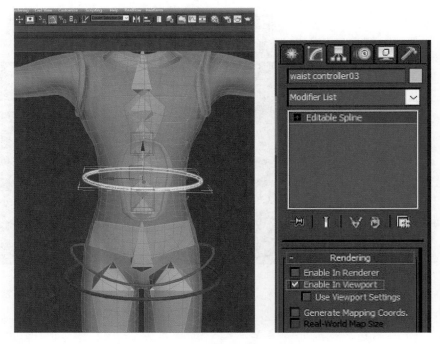

图 3-145　设置曲线的渲染属性

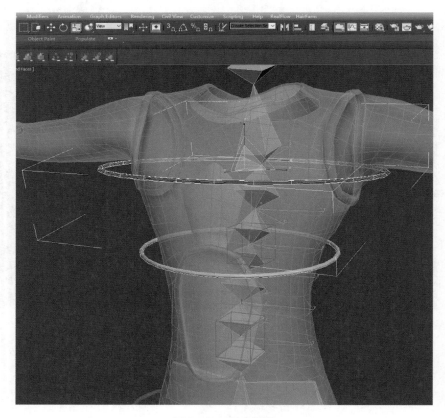

图 3-146　创建圆形

（142）使用主工具栏中的移动工具，将两个圆形移动到右侧。

（143）选择胸腔控制器圆环，单击主工具栏中的 ☒ 曲线编辑器按钮，在轨迹视图左侧列表中找到 Object（Editable Spline），如图 3-147 所示。

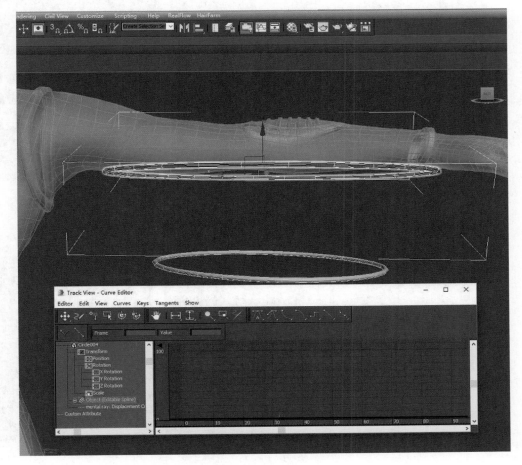

图 3-147　打开轨迹视图

（144）在 Object（Editable Spline）名称上右击，从弹出的快捷菜单中选择 Copy（复制）命令，如图 3-148 所示。

（145）框选 Waist bone control point，单击主工具栏中的 ☒ 曲线编辑器按钮，在左侧列表中找到 Object（Editable Spline），如图 3-149 所示。

（146）在 Object（Editable Spline）轨迹名称上右击，从弹出的快捷菜单中选择 Paste（粘贴）命令。在弹出的 Paste 窗口中，参数设置如图 3-150 所示。

（147）依据相同的操作步骤，设置腰部控制器圆环的轨迹属性，如图 3-151 所示。

（148）按快捷键 T 切换到顶视图，在骨骼工具窗口中单击 Create Bones 按钮，然后在场景中围绕胸腔位置，单击并拖动鼠标建立骨骼系统。并在骨骼工具窗口的 Fine 项目中选择 Size Fins（侧鳍）复选框，并调节其相关参数如图 3-152 所示。

（149）切换到透视图，使用主工具栏中的移动工具，调节胸腔骨骼系统的位置，如图 3-153 所示。

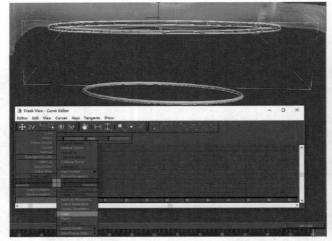

图 3-148　复制轨迹

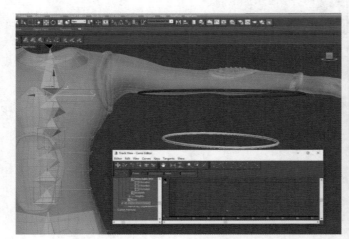

图 3-149　打开轨迹视图

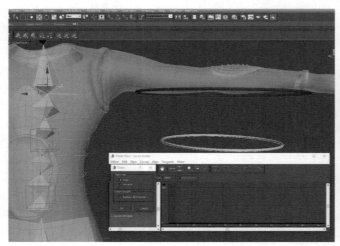

图 3-150　设置粘贴属性

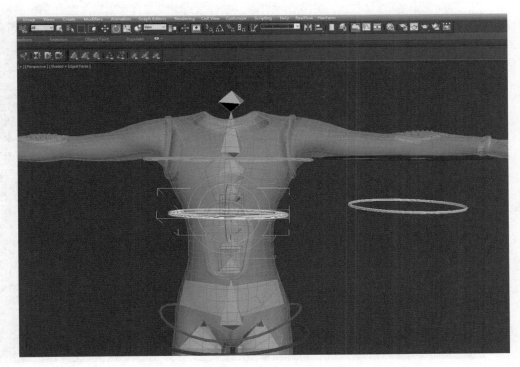

图 3-151 腰部控制器对象属性的粘贴

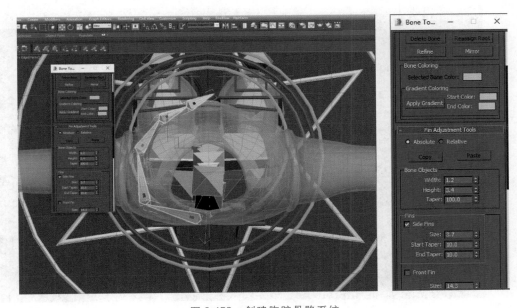

图 3-152 创建胸腔骨骼系统

（150）确认刚刚创建的骨骼系统处于选取状态，在主工具栏中单击 镜像工具按钮，在场景视图中弹出镜像窗口，在 Mirror Axis（镜像轴）项目中选择 X 方向复选框，在 Clone Selection（克隆选择）项目中选择 Copy 复选框，如图 3-154 所示。

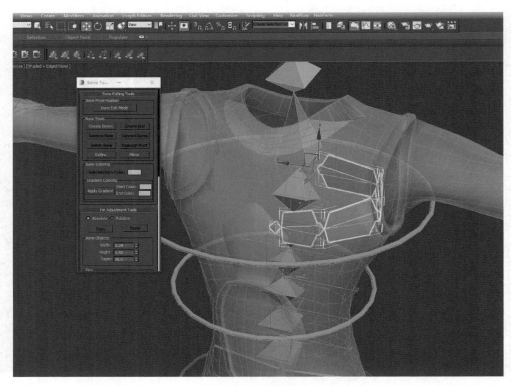

图 3-153　移动骨骼

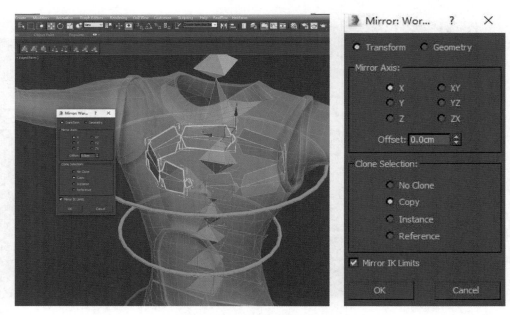

图 3-154　复制骨骼

（151）选择右侧胸腔骨骼系统的根部骨骼，并复制界面底部的 X 坐标参数，如图 3-155 所示。

（152）框选刚复制的胸腔骨骼系统的根部骨骼，然后在界面底部的 X 轴坐标参数框内粘贴刚复制的参数，并把"-"去掉，完成胸腔骨骼系统的对称编辑，如图 3-156 所示。

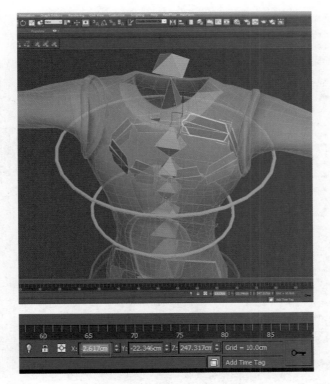

图 3-155　复制 X 轴坐标参数

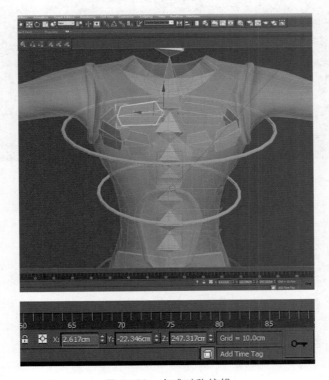

图 3-156　完成对称编辑

（153）框选右侧胸腔骨骼系统的根部骨骼，选择 Animation→IK Solvers→HI Solver 命令，在场景视图中单击右侧胸腔骨骼系统的末端骨骼完成 IK 链接，如图 3-157 所示。

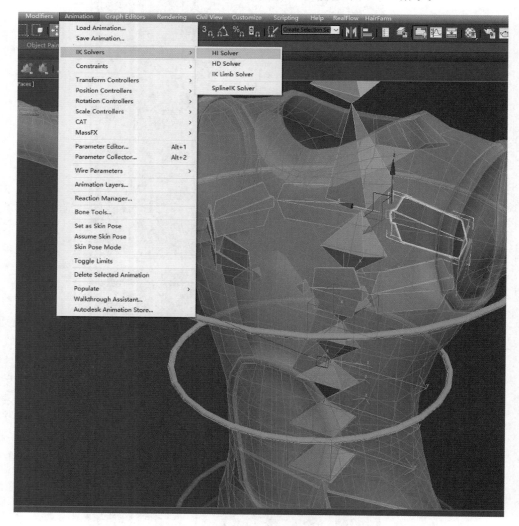

图 3-157　IK 链接指定

（154）依据相同的操作步骤，完成左侧胸腔骨骼系统的 IK 链接，如图 3-158 所示。

（155）框选右侧胸腔骨骼系统的根部骨骼，单击 ▦ 层次选项卡，进入层级命令面板，单击 IK 按钮，在 Rotational Joint（转动关节）卷展栏中，取消 X、Y、Z Axis 面项目中 Active（激活）的选择状态，如图 3-159 所示。

（156）框选右侧胸腔骨骼系统的根部骨骼，依据相同的操作步骤，取消关节旋转属性。

（157）单击 ✴ 创建选项卡，在创建命令面板中单击 ▣ 辅助对象按钮，进入帮助对象创建命令面板，再单击 Dummy（虚拟对象）按钮，在胸腔正前方创建一个虚拟对象，如图 3-160 所示。

（158）框选胸腔骨骼系统的 IK 链，单击主工具栏中的 🔗 链接工具按钮，然后在场景视图中按住鼠标拖动至虚拟对象上出现链接图标，释放鼠标左键完成链接，如图 3-161 所示。

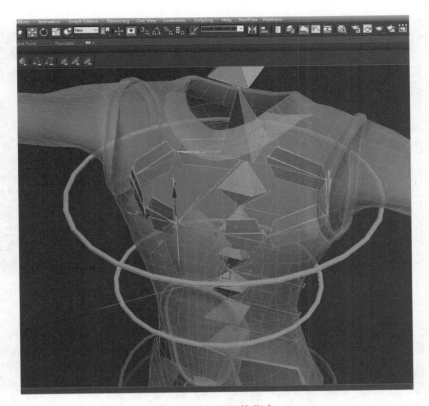

图 3-158 IK 链接指定

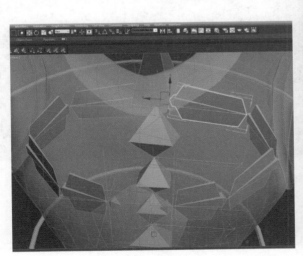

图 3-159 取消关节旋转属性

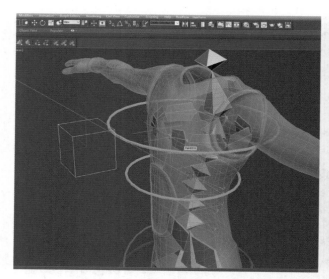

图 3-160　创建虚拟对象

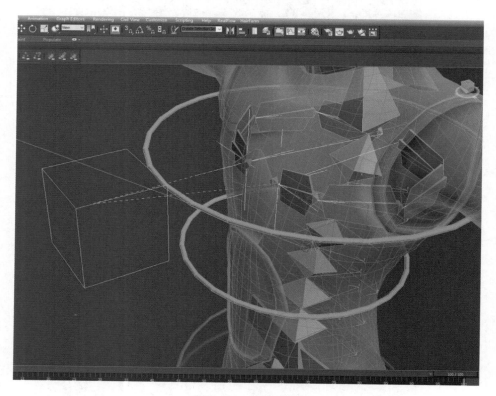

图 3-161　链接对象

（159）框选虚拟体对象，在场景视图中按住鼠标拖动至"Back bone001"上出现链接图标，翻译鼠标左键完成链接，如图 3-162 所示。

（160）选择 Animation→Bone Tools 命令，打开骨骼工具窗口，在手臂部位创建对应的手臂骨骼系统，如图 3-163 所示。

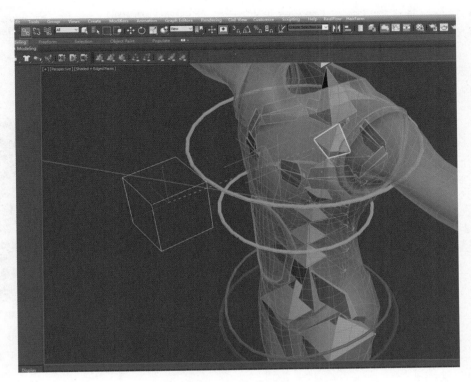

图 3-162　链接对象

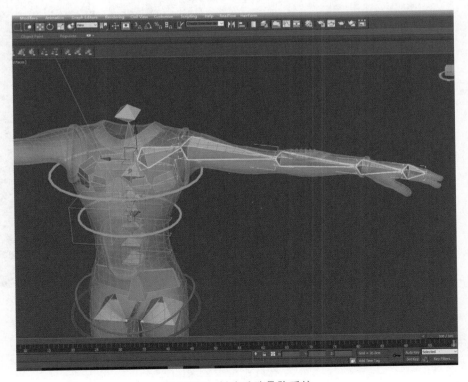

图 3-163　创建手臂骨骼系统

（161）框选手臂骨骼系统，右击，从弹出的快捷菜单中选择 Hide Unselected（隐藏未选择）。

（162）使用主工具栏中的移动工具，在按住 Shift 键的同时，再移动复制一个骨骼系统，在弹出的 Clone Options（克隆选项）窗口中进行如图 3-164 所示的设置。

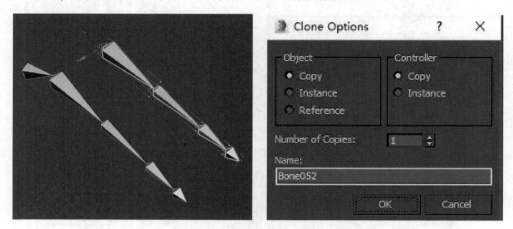

图 3-164　复制手臂骨骼系统

（163）选择刚刚复制的骨骼系统，在骨骼工具窗口的 Fin Adjustment Tools 卷展栏中，调节 Bone Objects（骨骼对象）参数和 Front Fin（前鳍）参数，如图 3-165 所示。

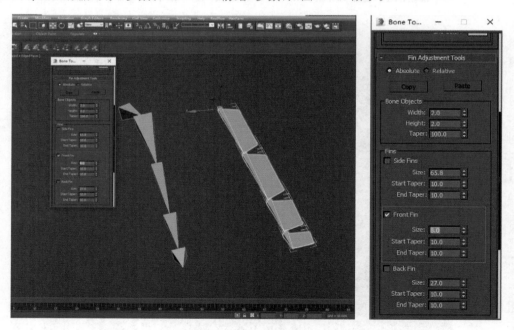

图 3-165　编辑骨骼参数

（164）为了便于识别，在骨骼工具窗口的 Bone Coloring 项目中调节骨骼为紫色，如图 3-166 所示。

注意：紫色骨骼系统是作为 IK 编辑用的，蒙皮时不用。

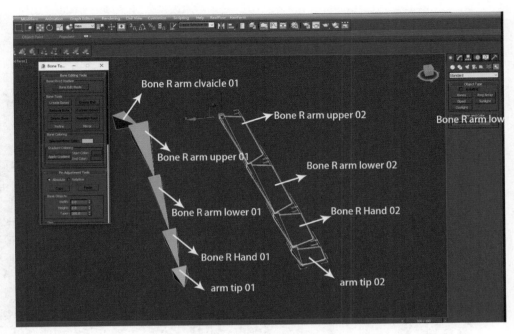

图 3-166 调节骨骼颜色

（165）框选紫色骨骼系统，单击主工具栏中的 ⊞ 快速对齐工具按钮，然后在场景视图中单击"Bone R arm upper 01"完成快速对齐，如图 3-167 所示。

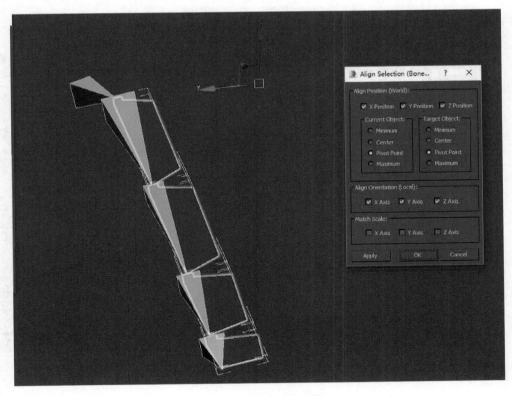

图 3-167 快速对齐骨骼

（166）框选"Bone R arm upper 02"，单击主工具栏中的 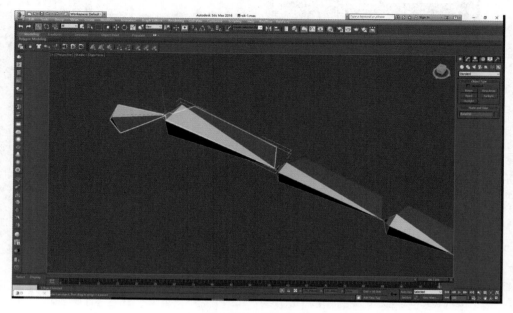 链接工具按钮选择链接工具，然后在场景视图中按住鼠标拖动至骨骼"Bone R arm clvaicle 01"上出现链接图标，释放鼠标左键完成链接，如图 3-168 所示。

图 3-168　链接对象

（167）框选骨骼"Bone R arm upper 02"，选择 Animation→IK Solvers→HI Solver 命令，然后单击"Bone R Hand 02"完成 IK 链接，如图 3-169 所示。

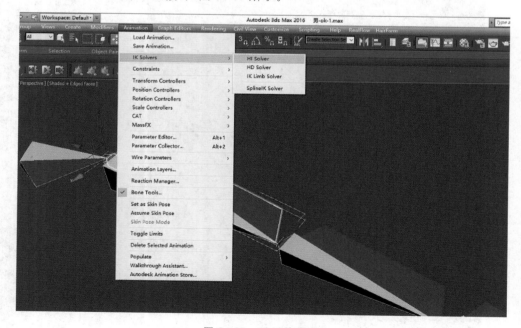

图 3-169　IK 链接指定

（168）单击 ✳ 创建选项卡，在创建命令面板中单击 ▣ 辅助对象按钮，进入帮助对象创建命令面板，单击 Point 按钮，在手臂后方创建一个点帮助对象，如图 3-170 所示。

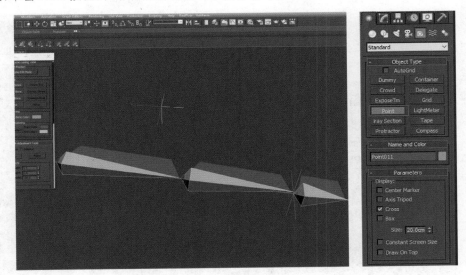

图 3-170 创建一个点

（169）框选新建的点"Point011"，单击主工具栏中的 ▣ 对齐工具按钮快速对齐工具，然后在场景视图中单击"Bone R arm upper 02"完成快速对齐，如图 3-171 所示。

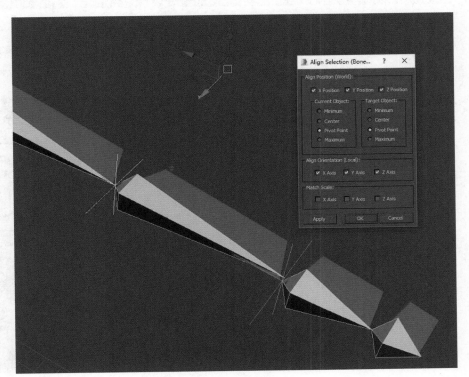

图 3-171 快速对齐

（170）将点"Point011"更名为 arm r controller，然后使用主工具栏中的移动工具，将 arm r controller 向 Y 轴的负方向平移，作为手臂上下扭动的控制器，如图 3-172 所示。

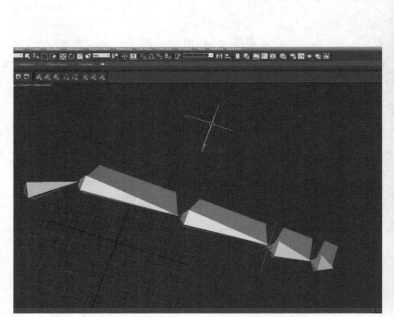

图 3-172　平移控制器

（171）框选手臂的 IK 链，在运动命令面板中单击 Parameter 按钮，在 IK Solver Properties 卷展栏中单击 None 按钮，在场景视图中选择 arm r controller，作为上下扭转控制器，如图 3-173 所示。

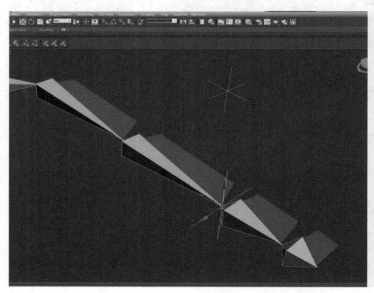

图 3-173　目标选择

（172）框选骨骼"Bone R arm upper 01"，选择 Animation→Constraints→Orientation Constraint 命令，然后在场景视图中单击对应的骨骼"Bone R arm upper 02"完成方向约束，如图 3-174 所示。

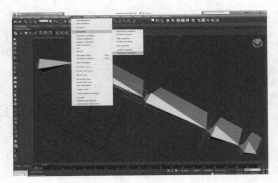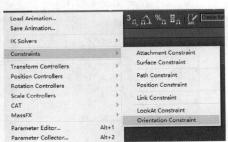

图 3-174　指定方向约束

（173）使用相同的操作步骤，依次完成"Bone R arm lower 01"和"Bone R arm lower 02"、"Bone R Hand 01"和"Bone R Hand 02"、"arm tip 01"和"arm tip 02"的方向约束。

（174）选择 Animation→Bone Tools 命令，打开骨骼工具窗口，单击 Create Bones 按钮，并在场景视图中创建一个骨骼系统，作为三角肌骨骼系统，如图 3-175 所示。

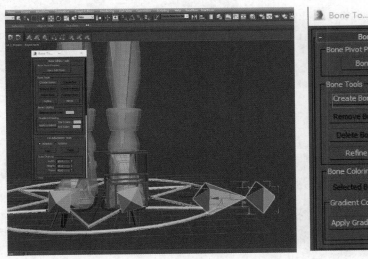

图 3-175　创建骨骼系统

（175）框选新建的三角肌骨骼系统根部，单击主工具栏中的  对齐工具按钮快速对齐工具，然后在场景视图中单击"Bone R arm upper 01"完成快速对齐，如图 3-176 所示。

（176）单击主工具栏中的 链接工具按钮选择链接工具，将三角肌骨骼系统根部链接到"Bone R arm clvaicle 01"上，如图 3-177 所示。

（177）框选三角肌骨骼系统根部，选择 Animation→IK Solvers→HI Solver 命令，然后单击三角肌骨骼系统末端，完成"IK Chain 014"的建立。

（178）框选"IK Chain 014"，单击主工具栏中的 对齐工具按钮快速对齐工具，然后在场景视图中单击"Bone R arm lower 01"完成快速对齐，如图 3-178 所示。

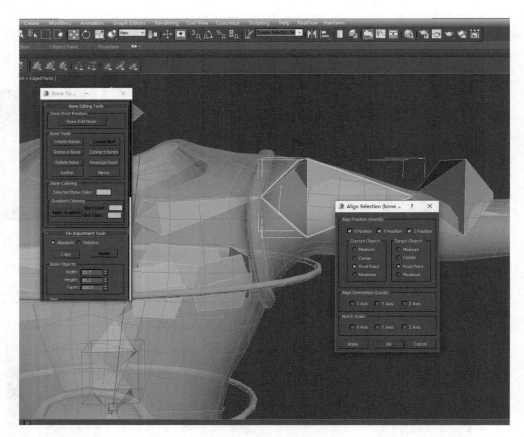

图 3-176 快速对齐

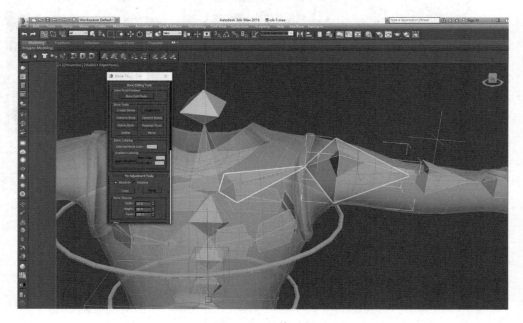

图 3-177 链接对象

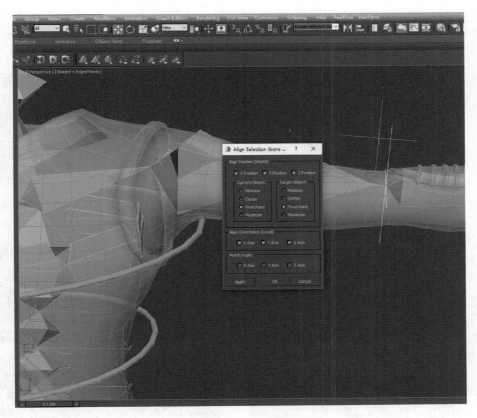

图 3-178　快速对齐编辑

（179）单击主工具栏中的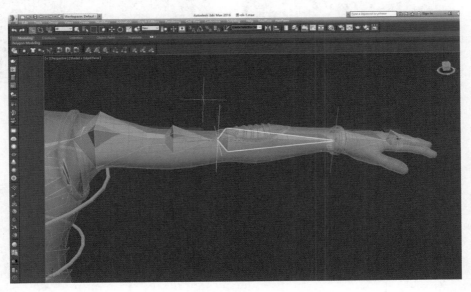链接工具按钮选择链接工具，将"IK Chain 014"链接到"Bone R arm lower 01"，如图 3-179 所示。

图 3-179　链接对象

（180）框选手臂骨骼系统，选择 Animation→Bone Tools 命令，打开骨骼工具窗口，单击骨骼工具项目中的 Mirror 按钮，出现 Bone Mirror(骨骼镜像)窗口，参数设置如图 3-180 所示。最后单击 OK 按钮，结束镜像编辑过程。

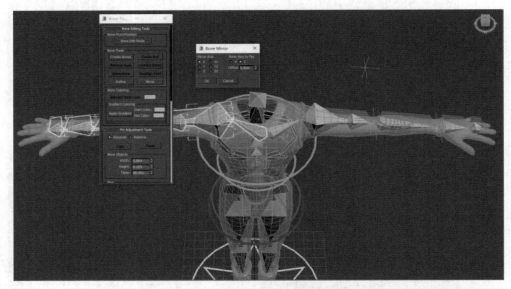

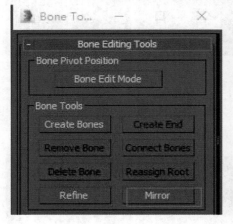

图 3-180　镜像复制骨骼

（181）框选骨骼 bone r arm clvaicle，复制其 X 坐标参数，如图 3-181 所示。

注意：在复制参数过程中，如果参数前面有"-"号，只复制数字即可。如果参数前面没有"-"号，直接复制数字，在粘贴的时候前面加上"-"号即可。

（182）框选 bone r arm clvaicle(mirrored)选择同样的 X 位置参数，粘贴刚刚复制的坐标数据，如图 3-182 所示。

（183）创建控制器的操作方法与右臂相同，如图 3-183 所示。

（184）选择 Animation→Bone Tools 命令，打开骨骼工具窗口，单击 Create Bones 按钮，在场景视图中创建一个骨骼系统，并命名为"Wrist bone"，如图 3-184 所示。

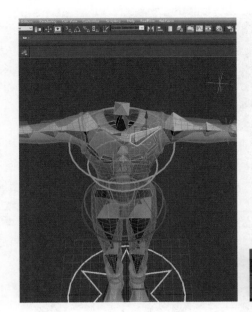

图 3-181　复制 X 轴坐标参数

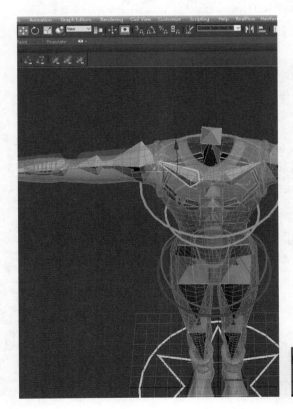

图 3-182　粘贴坐标数据

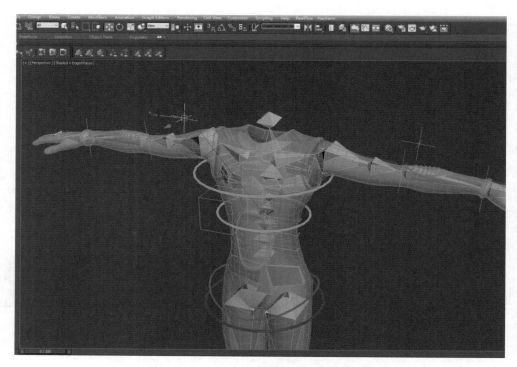

图 3-183　创建左臂控制器

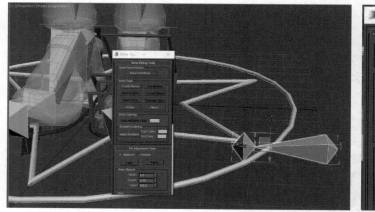

图 3-184　创建骨骼系统

（185）框选新建的骨骼系统，单击主工具栏中的 ▣ 对齐工具按钮快速对齐工具，然后在场景视图中单击"Bone R arm lower 01"完成快速对齐，如图 3-185 所示。

（186）单击主工具栏中的 ⬚ 链接工具按钮选择链接工具，将骨骼 Wrist bone 链接到"Bone R hand 01"上，如图 3-186 所示。

（187）选择"Wrist bone"骨骼后，再选择 Animation→IK Solvers→HI Solver 命令，然后单击 Wrist bone tip 完成 IK 链接，如图 3-187 所示。

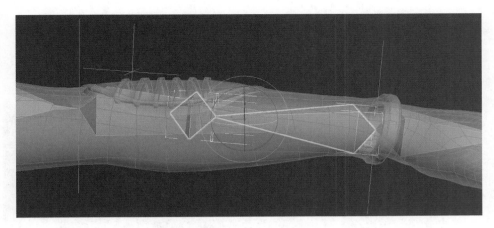

图 3-185　快速对齐

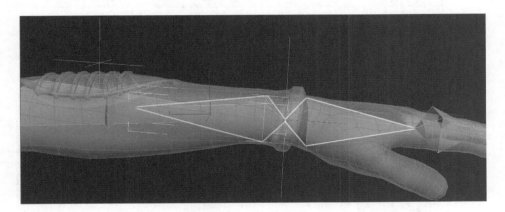

图 3-186　链接对象

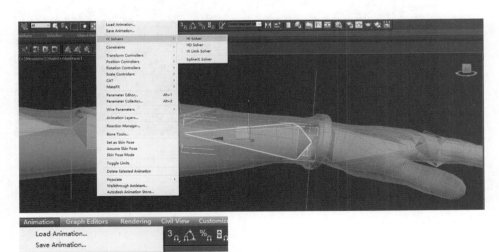

图 3-187　IK 链接指定

（188）单击主工具栏中的 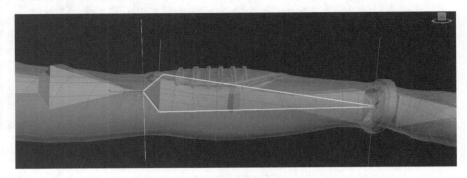对齐工具按钮快速对齐工具，然后在场景视图中单击"Bone R arm lower 01"完成快速对齐。

（189）单击主工具栏中的 链接工具按钮选择链接工具，将 Wrist bone 链接到"Bone R arm lower 01"上，如图 3-188 所示。

图 3-188 链接对象

（190）在创建命令面板中单击 图形按钮，进入二维图形对象创建命令面板，单击其下的 NGon（多边形）按钮，在场景视图中单击并拖动鼠标创建多边形，如图 3-189 所示。

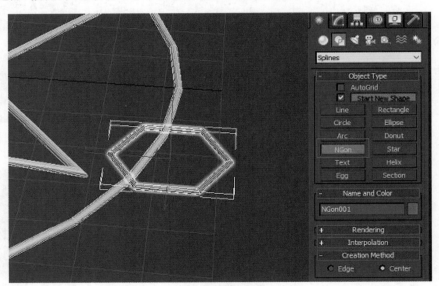

图 3-189 创建多边形

（191）使用主工具栏中的移动工具，将其移至手掌上方相应位置，并更名为 Palmar controller，如图 3-190 所示。

（192）框选"Bone R Hand 02"后，选择 Animation→IK Solvers→HI Solver 命令，然后单击"arm tip 02"完成 IK 链接。

（193）框选如图 3-191 中两个新建的 IK 链，单击主工具栏中的 链接工具按钮，选择链接工具将它们链接到 Palmar controller 上，然后将 Palmar controller 链接到总控制器 Total controller 上，如图 3-191 所示。

注意：左侧手控制器制作方法同右手制作方法一致。

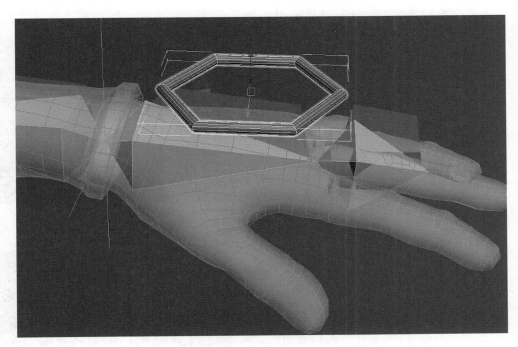

图 3-190 移至手掌上方

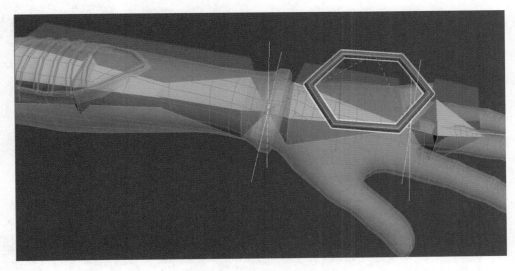

图 3-191 链接对象

（194）选择 Animation→Bone Tools 命令，打开骨骼工具窗口，单击 Create Bones 按钮，在场景视图中创建一个骨骼系统作为手指的关节，如图 3-192 所示。

（195）框选新创建的骨骼系统，在骨骼工具窗口中调节 Bone Objects 项目的参数，使骨骼大小适合于手指模型，如图 3-193 所示。

（196）框选手指骨骼，单击主工具栏中的移动工具，在按住 Shift 键的同时，移动复制手指骨骼系统，弹出 Clone Options(克隆选项)窗口，将复制的数量设置为 4，其余项目设置如图 3-194 所示。

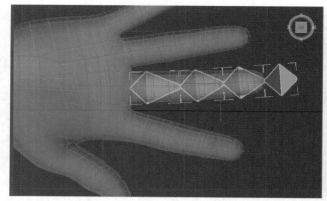

图 3-192　创建骨骼系统

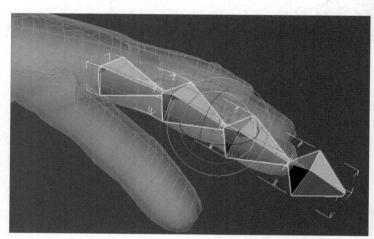
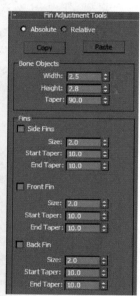

图 3-193　调节骨骼尺寸

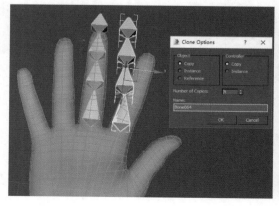
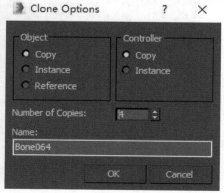

图 3-194　复制手指骨骼

（197）框选需要编辑的手指骨骼，单击骨骼工具窗口中的 Bone Edit mode（骨骼编辑模式）按钮，使用主工具栏中的旋转和移动工具调节骨骼位置。手指骨骼系统的位置调整结果如图 3-195 所示，并更改其名称。

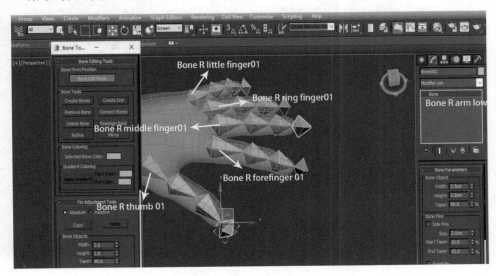

图 3-195　调节手指骨骼

（198）在场景中右击，从弹出的快捷菜单中选择 Unhide all（全部取消隐藏）。

（199）选择如图 3-196 所示的骨骼，单击主工具栏中的 🔗 链接工具按钮选择链接工具，将选择的骨骼链接到"Bone R Hand 01"上。

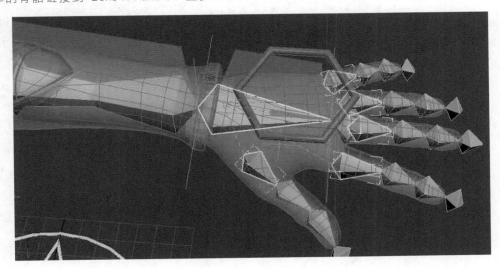

图 3-196　链接对象

（200）切换到左视图，在 Bone Tools 窗口中单击 Create Bones 按钮，在颈部单击并拖动鼠标创建一个骨骼系统，右击结束骨骼创建过程，如图 3-197 所示。

（201）框选"Head bone001"，单击主工具栏中的 🔗 链接工具按钮选择链接工具，将其链接到"Back bone002"上，如图 3-198 所示。

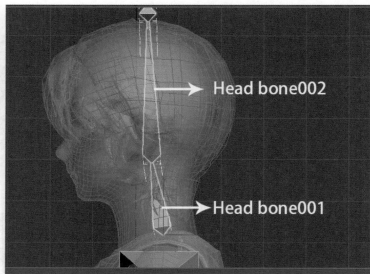

图 3-197 创建骨骼

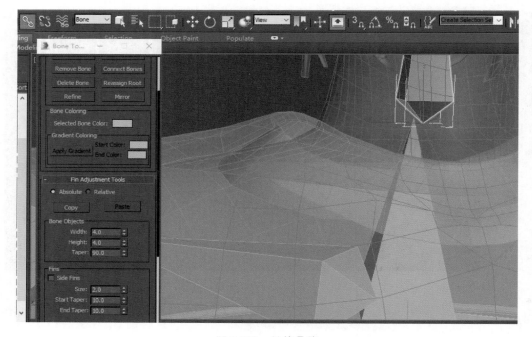

图 3-198 链接骨骼

（202）框选"Back bone002"，在骨骼工具窗口的 Object Properties 卷展栏中，单击 Realign（重新对齐）和 Reset Stretch（拉伸）按钮，如图 3-199 所示。

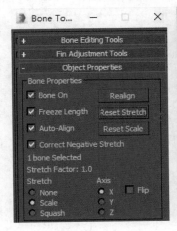

图 3-199　设置对象属性

（203）单击 创建选项卡，在创建命令面板中单击 辅助工具按钮，进入帮助对象创建命令面板，单击 Point 按钮，在场景视图中创建两个点，并更名为"Head point controller001"和"Head point controller002"，如图 3-200 所示。

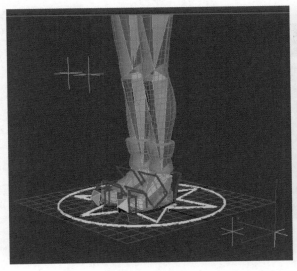

图 3-200　创建点帮助对象

（204）选择刚刚创建的一个点，单击主工具栏中的 对齐工具按钮快速对齐工具，在场景视图中单击骨骼"Head bone001"完成快速对齐，另一个点用同样的方法与"Head bone002"对齐，如图 3-201 所示。

（205）在帮助对象创建命令面板中单击 Dummy 按钮，在场景视图中创建一个虚拟体，如图 3-202 所示。

（206）选择刚刚创建的虚拟体，单击主工具栏中的 对齐工具按钮快速对齐工具，将虚拟

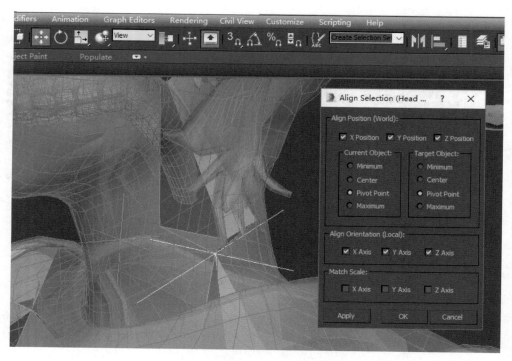

图 3-201　快速对齐编辑

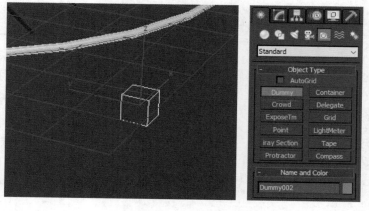

图 3-202　创建虚拟体

体与"Head bone002"对齐,如图 3-203 所示。

　　(207)框选颈部的控制点"Head point controller001",单击主工具栏中的 链接工具按钮选择链接工具,将其链接到 Anocelia controller 上,如图 3-204 所示。

　　(208)依据相同的操作步骤,将头部虚拟体链接到"Head bone001"上,如图 3-205 所示。

　　(209)框选控制点"Head point controller002",选择 Animation → Constraints → Position Constraint 命令,然后在场景视图中单击头部虚拟体完成位置约束。

　　注意:设置好位置约束后,当"Head bone001"旋转时,"Head point controller002"不会跟着旋转。

　　(210)框选"Head bone002",选择 Animation→Constraints→Orientation Constraint 命令,然后在场景视图中单击"Head point controller002"完成方向约束。

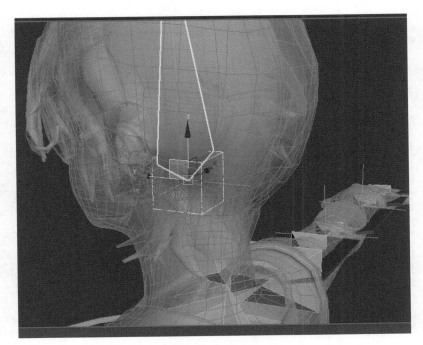

图 3-203　快速对齐编辑

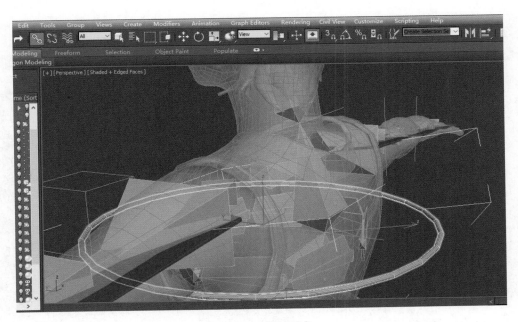

图 3-204　链接对象

注意：完成方向约束后，当脖子转动时，头部会保持平衡。

（211）框选"Head bone001"，选择 Animation→Constraints→Orientation Constraint 命令，然后在场景视图中单击"Head point controller001"完成方向约束。

（212）框选"Head point controller001"和"Head point controller002"，在按住 Alt 键的同时右击，从弹出的快捷菜单中选择 Freeze Transform 命令。

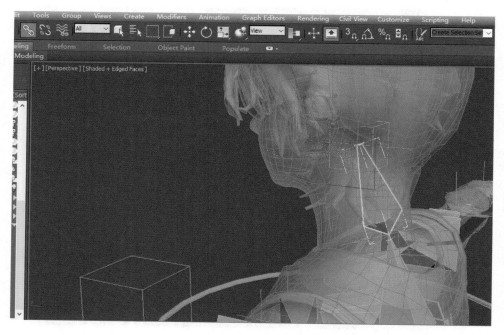

图 3-205　链接对象

（213）单击主工具栏中的 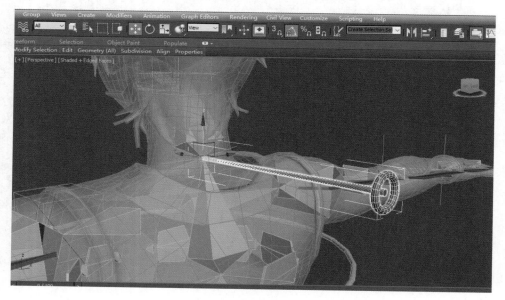对齐工具按钮快速对齐工具，将事先创建好的颈部控制器 Neck controller 与"Head bone001"完成快速对齐，如图 3-206 所示。

图 3-206　快速对齐

（214）单击主工具栏中的 对齐工具按钮快速对齐工具，将事先建好的头部控制器 Head controller 与"Head bone002"完成快速对齐，如图 3-207 所示。

（215）框选 Head controller 和 Neck controller 两个控制器，使用主工具栏中的移动工具将它们向颈后平移，如图 3-208 所示。

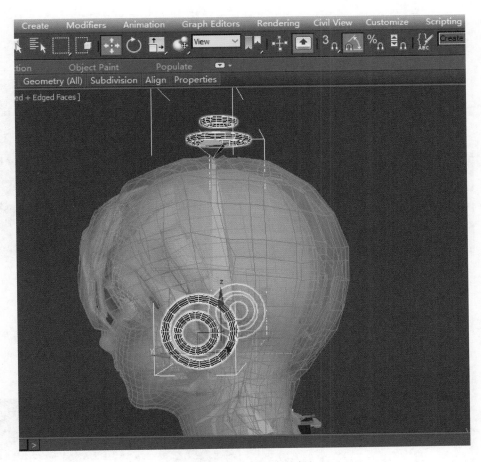

图 3-207 快速对齐编辑

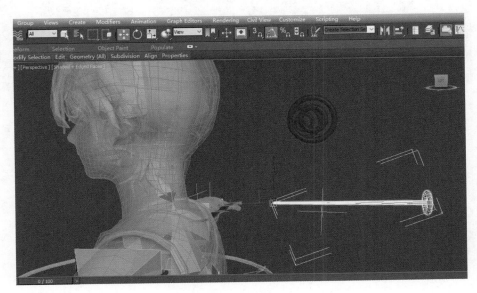

图 3-208 移动控制器

（216）框选 Neck controller，单击主工具栏中的 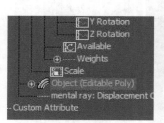 曲线编辑器按钮，在弹出的轨迹视图左侧列表中找到 Object（Editable Poly），并在其上右击，从弹出的快捷菜单中选择 Copy 命令，如图 3-209 所示。

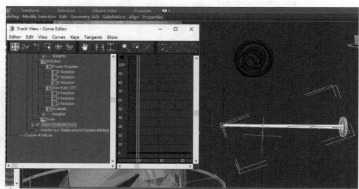

图 3-209　复制轨迹

（217）框选"Head point controller001"，单击主工具栏中的 曲线编辑器按钮，在弹出的轨迹视图左侧列表中找到 Object（Point Helper），并在其上右击，从弹出的快捷菜单中选择 Paste 命令，如图 3-210 所示。

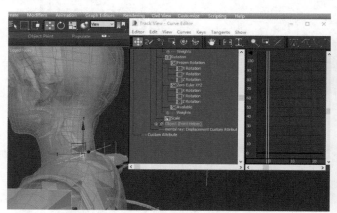

图 3-210　粘贴轨迹数据

（218）使用相同的操作步骤对 Head controller 进行相同的动画轨迹编辑，如图 3-211 所示。

3.4.2　编辑角色的蒙皮

本节将以编辑角色手臂和手掌部位的蒙皮为例，详细讲述蒙皮编辑的流程、技巧，以及如何创建蒙皮的变形效果。

（1）隐藏角色的身体部分，只留下手臂部位的模型，如图 3-212 所示，从修改编辑器下拉列表中选择 Skin（蒙皮）修改编辑器。

（2）在修改编辑命令面板中单击 Add（加入）按钮，弹出如图 3-213 所示的 Select Bones（选择骨骼）窗口，在其中拖动鼠标框选所有手臂部位的骨骼。

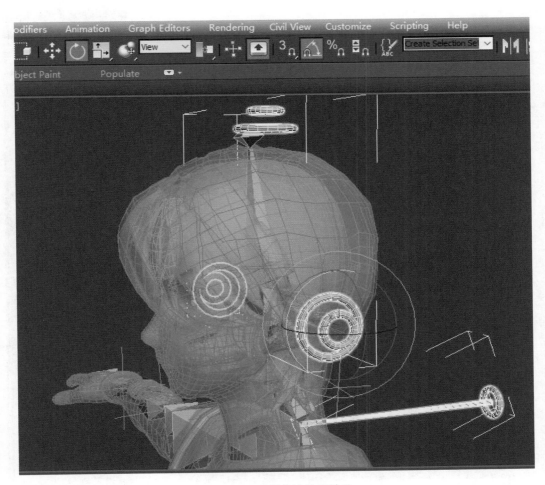

图 3-211 动画轨迹编辑结果

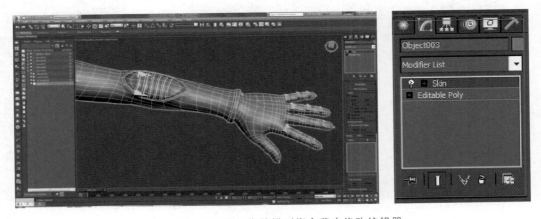

图 3-212 为手臂部位的模型指定蒙皮修改编辑器

（3）在 Select Bones 窗口中单击 Select 按钮,如图 3-214 所示,手臂部件骨骼的名称出现在修改编辑命令面板的骨骼列表中,封套权重调节参数设置被激活。

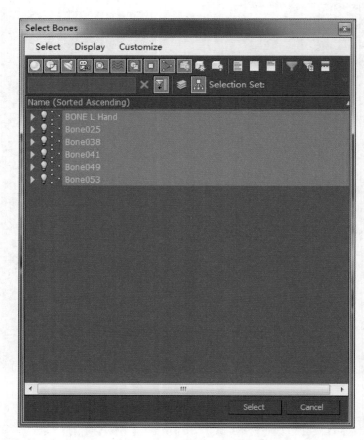

图 3-213　为蒙皮加入骨骼

图 3-214　骨骼的名称出现在修
改编辑命令面板的骨
骼列表中

（4）从修改编辑堆栈中下拉编辑框并选择 Envelop（封套）层级，在骨骼列表中选择一个骨头后，单击 Edit Envelops（编辑封套）按钮，在场景中对应的骨头上出现封套线框，如图 3-215 所示。

（5）在修改编辑命令面板中单击  相对按钮，通过设置 Radius（半径）和 Squash（挤压）参数，指定骨骼封套的作用范围，如图 3-216 所示。

（6）选择前臂部位的骨头，在修改编辑命令面板中单击 R 相对按钮，Radius 和 Squash 参数的设置如图 3-217 所示。

（7）选择上臂部位的骨头，如图 3-218 所示编辑其封套作用范围。

（8）如图 3-219 所示，编辑前臂用于控制肌肉的骨骼封套范围。

（9）如图 3-220 所示，编辑腕部骨头的骨骼封套范围。

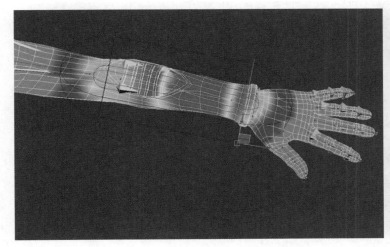

图 3-215　编辑封套模式

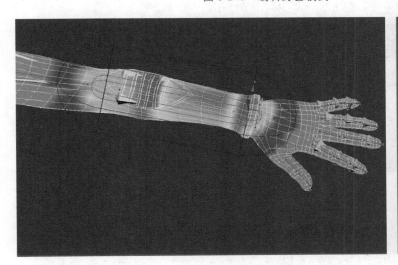

图 3-216　设置骨头的封套范围

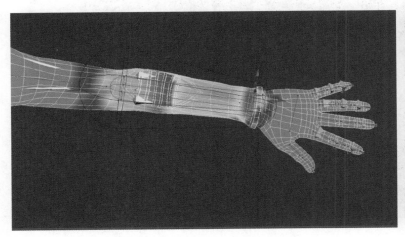

图 3-217　设置骨头的封套范围

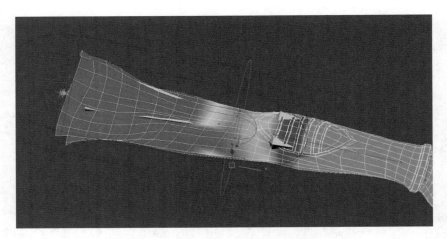

图 3-218　编辑上臂骨头的封套作用范围

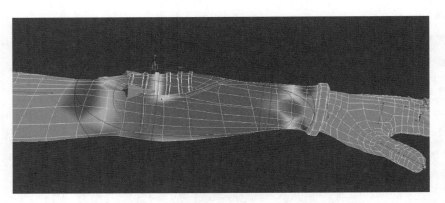

图 3-219　编辑骨头的封套作用范围

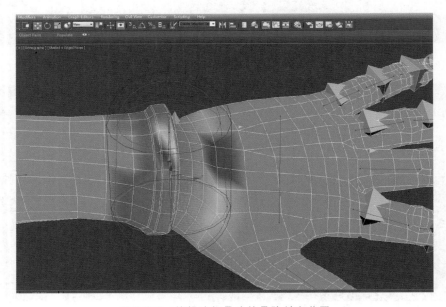

图 3-220　编辑腕部骨头的骨骼封套范围

（10）如图 3-221 所示，编辑手掌骨头的骨骼封套范围。

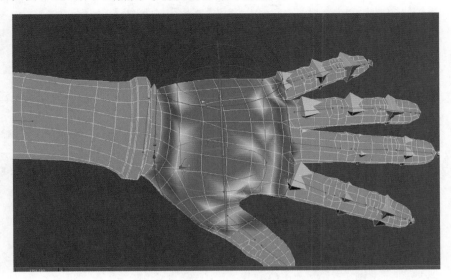

图 3-221 编辑手掌骨头的骨骼封套范围

（11）如图 3-222 所示，编辑手指骨头的骨骼封套范围。

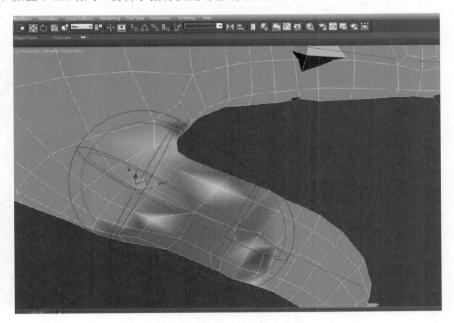

图 3-222 编辑手指骨头的骨骼封套范围

（12）单击主工具栏中的 ✥ 移动工具按钮，移动手指部位的骨骼，查看手指关节部位的模型是否正确随同运动。如图 3-223 所示，可以观察到两个缺陷，首先是关节部位在手指弯曲时产生了不自然的折曲，其次就是手指肌肉在手指弯曲时没有发生自然的隆起。

（13）从修改编辑堆栈中下拉编辑框并选择 Envelop 层级，在骨骼列表中选择手指关节部位的骨头后，单击 Edit Envelops 按钮，在场景中对应的骨头上出现封套线框，如图 3-224 所示。

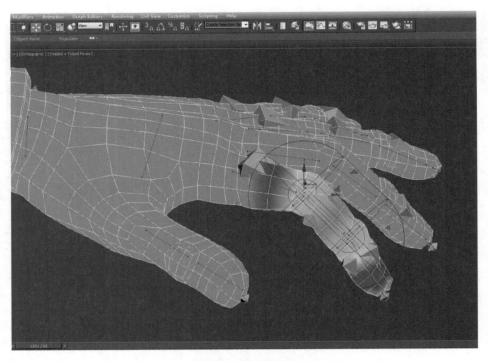

图 3-223　移动骨骼察看蒙皮编辑的效果

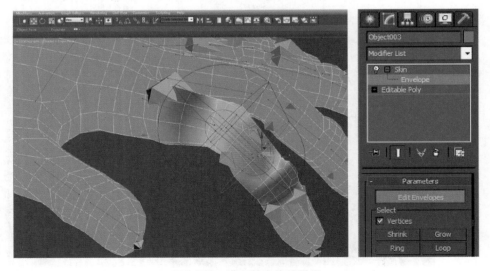

图 3-224　进入封套编辑层级

（14）选择 Vertices(节点)复选框,在手指上拖动鼠标框选需要变形部位的节点。

（15）在 Gizmos(线框装置)卷展栏的下拉列表中选择 Joint Angle Deformer(关节角度变形器),如图 3-225 所示。

（16）单击 Gizmos 卷展栏下面的 ✚ 添加线框装置按钮,在列表中新增一个关节角度变形器,同时在场景中的关节部位出现一个变形线框装置,如图 3-226 所示。

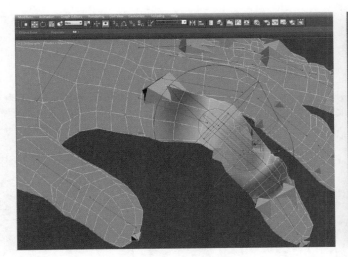

图 3-225　指定关节角度变形器

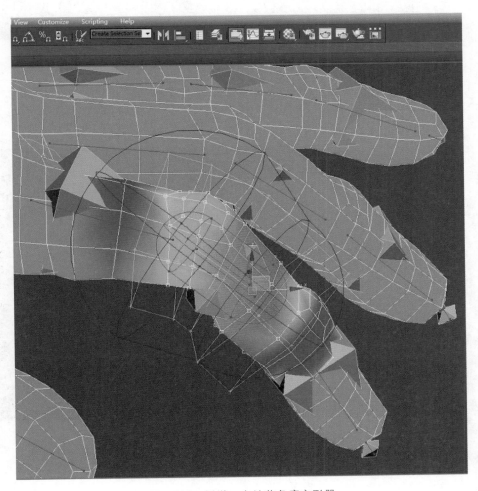

图 3-226　新增一个关节角度变形器

（17）通过移动骨骼将手指设置为弯曲状态，在 Gizmo Parameters(线框装置参数)卷展栏中选择 Enable Gizmo(线框装置有效)复选框，单击 Edit Lattice(编辑框格)按钮。

（18）使用主工具栏中的 ✛ 移动工具按钮，通过移动框格上的节点调整手指在弯曲时的形态，如图 3-227 所示。

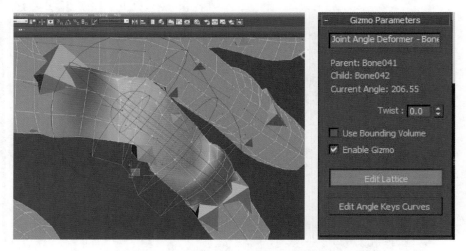

图 3-227　通过移动框格上的节点调整手指在弯曲时的形态

（19）从修改编辑堆栈中下拉编辑框并选择 Envelop 层级，在骨骼列表中选择手指关节部位的骨头后，在 Gizmos 卷展栏的下拉列表中选择 Bulge Angle Deformer(隆起角度变形器)，如图 3-228 所示。

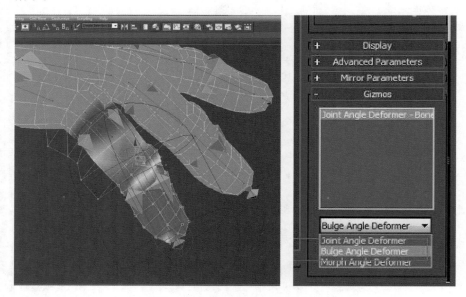

图 3-228　指定隆起角度变形器

（20）在 Parameters(参数)卷展栏中选择 Vertices(节点)复选框，在手指上拖动鼠标框选需要变形部位的节点。

（21）单击 Gizmos 卷展栏下面的 ➕ 添加线框装置按钮，在列表中新增一个隆起角度变形器，同时在场景中手指选定的节点上出现一个变形线框装置，如图 3-229 所示。

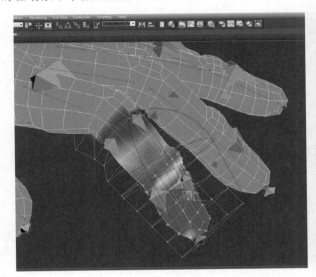

图 3-229 新增一个隆起角度变形器

（22）依据相同的操作步骤，为整个角色模型指定并编辑蒙皮，通过移动骨骼就可以设置角色的动画效果，如图 3-230 所示。

图 3-230 通过移动骨骼设置角色的动画效果

习题

3-1 请概述骨骼系统的主要作用。

3-2 在 3ds Max 2016 中有哪 6 种不同的反向动力学解算器？它们各自适合于控制哪些类型的动画？

3-3 请概述 Skin 修改编辑器的主要作用。

3-4 Skin 修改编辑器包含哪些次级结构编辑层级？

3-5 选定一个动画角色，为该角色创建骨骼系统，并指定适当的反向动力学解算器，最后为动画角色编辑蒙皮。

第4章 角色表情动画

本章首先概述了角色表情动画的分类、创建和编辑技术；然后介绍了变形修改编辑器的参数设置项目和表情动画的分析方法；最后通过一个角色表情动画范例，详细介绍了变形修改编辑器的使用技巧。

4.1 角色表情动画概述

角色表情动画主要包含角色表情和口型两部分。在 3ds Max 2016 中可以使用变形通道调用和角色表情捕捉两种方式制作三维角色的表情动画。

利用 Morpher（变形）修改编辑器可以变形 mesh 网格对象，patch 面片对象，NURBS 曲面对象的模型，还可以变形二维图形（样条）和 FFD 空间扭曲，创建从一个形态转变为另一个形态的变形效果，变形修改编辑器还支持材质的变形效果。

变形修改编辑器常用于制作三维角色口型和面部表情的变形动画，如图 4-1 所示，允许有100 个变形目标和材质通道，通道的百分比还可以混合生成一个新的变形目标。

图 4-1 利用变形修改编辑器创建角色表情动画

对于网格对象,变形基础对象与变形目标对象要有相同的节点数量;对于 patch 面片对象或 NURBS 曲面对象,变形修改编辑器依据控制点进行变形计算,这意味着在渲染时可以依据基础对象增加对象的细节。

在修改编辑堆栈中,变形修改编辑器之上的伸缩修改编辑器,会十分精确地配合变形的部位,产生很好的协同动画效果。

许多第三方插件都支持 3ds Max 2016 中的变形通道调用,例如有些插件可以利用实拍的视频素材自动调用变形通道,如图 4-2 所示,快捷地创建复杂的表情动画;有些插件还可以利用对白的文本文件自动调用口型的变形通道,快捷地创建复杂的口型动画。

图 4-2　利用视频调用变形通道

运动捕捉系统则是利用骨骼和蒙皮技术创建角色口型和表情动画,在运动捕捉的系统软件中会提供一个面部骨骼驱动的模板,如图 4-3 所示。

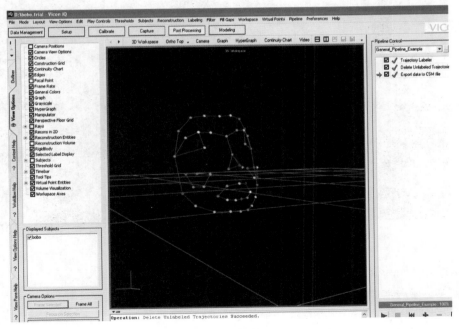

图 4-3　运动捕捉软件中的面部骨骼模板

依据该模板在真实演员的面部贴上对应的反光点,如图4-4所示。

在演员的前面高低错落搭建6~8个捕捉运动的光学镜头,就可将演员面部的所有动作捕捉到计算机中,如图4-5所示,这些运动数据可以驱动3ds Max中的面部骨骼,再由骨骼带动角色面部的蒙皮,从而高效率地制作动画角色面部的口型和表情动画。当然如果想获得更为夸张的表情动画效果,还要对捕捉到的运动数据进行重新编辑。

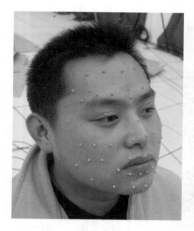

图4-4　在演员面部贴反光点

图4-5　布置运动捕捉镜头

4.2　变形修改编辑器

为动画角色施加变形修改编辑器后,可以看到该修改编辑器面板,如图4-6所示。

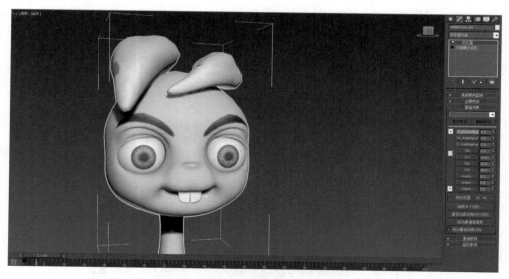

图4-6　施加变形修改编辑器

1. Channel Color Legend(通道色彩图例)卷展栏

Channel Color Legend 卷展栏如图4-7所示。

灰色通道是空的,没有被编辑过;橙色通道已经被修改过,但还没包含变形数据;绿色通道已经包含变形数据，目标对象就在场景中；蓝色通道已经包含变形数据，但场景中的目标对象已经被删除；深灰色通道中出现问题使该通道失效，例如目标对象的节点数目被改变了，失效的通道不包含在最后的变形结果中。

2. Global Parameters（通用参数）卷展栏

Global Parameters 卷展栏如图 4-8 所示。

1）Global Settings（通用设置）项目

选择 Use Limits（使用限定）复选框，要求所有通道使用最大和最小限定，如果不使用限定，角色面部微笑产生的变形往往都会超出嘴的范围。

Minimum（最小）参数设置最小的限定；Maximum（最大）参数设置最大的限定；单击 Use Vertex Selection（使用节点选择集）按钮，将限定设置应用于节点的选择集，在修改编辑堆栈中选择变形修改编辑器，变形修改编辑器的全局参数中的数值范围用于控制节点选择集。

2）Channel Activation（通道激活）项目

单击 Set All（设置所有）按钮，激活所有通道；单击 Set None（设置为无）按钮，使所有通道失效。

3）Morph Material（变形材质）项目

单击 Assign New Material（指定新材质）按钮，可以为基础对象指定变形材质。打开材质编辑器观看并编辑变形材质，材质贴图通道与变形修改编辑器中的通道是直接相关的。

3. Channel list（通道列表）卷展栏

Channel list 卷展栏如图 4-9 所示。

图 4-7　通道色彩图例

图 4-8　通用参数

图 4-9　通道列表

在顶部列表中选择一个已经存在的标记，还可以输入一个新名称后单击 Save Marker（保存标记）按钮创建一个新标记；在标记列表区中选择标记名称后，单击 Delete Marker（删除标记）按钮删除该标记。

该卷展栏中包含 100 个变形通道,一旦为通道指定了变形目标,变形目标的名称就出现在列表中,每个通道都包含一个变形百分比设置。

单击 Load Multiple Targets(导入多个目标对象)按钮,可以在空通道中顺序导入多个对象。单击 Reload All Morph Targets(重导入全部目标对象)按钮,可以重新装入全部的目标对象,如果一个变形目标对象已经被删除,变形更新使用原先存储的变形数据;单击 Zero Active Channel Values(激活通道创建 0)按钮,为所有激活的通道创建一个动画关键点。

选择 Automatically reload targets(自动重导入目标)复选框,自动重新加载目标。

4. Channel Parameters(通道参数)卷展栏

Channel Parameters 卷展栏如图 4-10 所示。

Channel is Active(通道激活状态)选项用于指定当前的通道是否激活,不激活的通道不在最后的变形结果中出现。

1) Create Morph Target(创建变形目标)项目

单击 Pick Object from Scene(从场景中选择对象)按钮,在场景中选择一个对象,作为当前通道的变形目标对象。单击 Capture Current State(捕捉当前状态)按钮,捕捉当前的变形状态作为一个目标对象。单击 Delete(删除)按钮,删除当前通道中的目标对象。单击 Extract(提炼)按钮,依据变形数据创建一个目标对象。

2) Channel Settings(通道设置)项目

选择 Use Limits(使用限定)复选框,指定当前通道使用限定;Minimum(最小)参数设置最小限定;Maximum(最大)参数设置最大限定。

单击 Use Vertex Selection(使用节点选择集)按钮,在当前通道使用次级结构节点选择集进行动画。

图 4-10 通道参数

3) Progressive Morph(累加变形)项目

Morpher 修改编辑器支持累加变形,在变形过程中可以指定变形的中间形态,利用累加的变形中间目标对象可以创建更为平滑插值的变形动画。

Target List(变形目标列表)中列出了所有变形的中间状态。

Target %(目标%)参数指定当前变形中间状态对整个变形过程的影响力;Tension(张力)参数指定变形目标对应节点之间的线性关系。单击 Delete Target(删除目标)按钮,在列表中删除当前选定的变形中间状态。

5. Advanced Parameters(高级参数)卷展栏

Advanced Parameters 卷展栏如图 4-11 所示。

单击 Approximate Memory Usage(近似内存使用)按钮显示当前占用的内存。

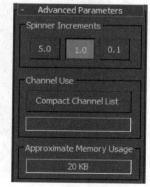

图 4-11 高级参数

4.3 表情动画分析

面部表情能够传达角色的主观意识活动,使观众可以透视到角色的内心世界,了解其意图、情绪、情感和思想等,如图 4-12 所示。

图 4-12 表情案例 1

人的内心活动,喜(眉开眼弯嘴上翘)、怒(瞪眼咬牙眉上竖)、哀(眉掉眼垂口下落)、愁(垂眼落口眉头皱)都要在面部表现出来,角色表情的设计可以揭示角色的心理活动和思想感情。研究角色面部表情的最好工具就是一面镜子,通过镜子可以观察到表情真是微妙的东西,眉毛、眼睛、鼻子、嘴的微妙变化和变化的组合能够传达出如此多的信息。

现实世界中人的表情变化是十分微妙的,眉宇之间的微微紧缩、嘴角稍微的牵动、眼神的微妙变化都反映不同的心理活动、情绪变化。但基于动画的特殊视觉传达特性,以及目标观众的认知方式,往往要对面部表情进行夸张处理,甚至还要配合夸张的肢体语言协同表现,如图 4-13 所示。

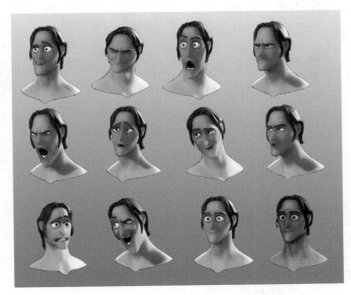

图 4-13 表情案例 2

动画角色对白的口型变化,可以根据语种的元音和辅音列表,从正面和侧面拍摄真实演员的口型变化,如图 4-14 所示。根据大量的资料将口型变化相同或近似的发音归纳为一个变形通道,如图 4-15 所示,将这些变形通道编号后就可以在摄影表或故事板上标注口型的变化。

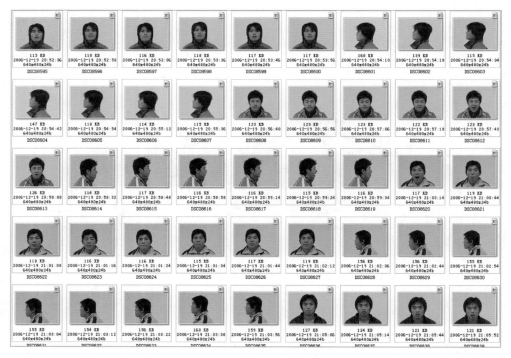

图 4-14　拍摄演员口型的变化

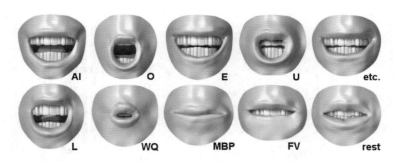

图 4-15　口型归纳变形通道

对于表情的夸张化处理,可以通过观摩各种类型的动画片,总结其中的一些夸张变形手法;另外还要多观察,多揣摩,设身处地为动画中的角色着想,使角色的表情变化符合角色的性格特征。

4.4　角色表情动画应用范例

本节将通过一个具体的应用范例,详细介绍变形修改编辑器在角色表情动画编辑过程中的使用技巧。

(1)选择 File→Open 命令,打开如图 4-16 所示的头部动画场景。

(2)单击主工具栏中的 ✛ 移动工具按钮,选择角色头部模型,然后按住 Shift 键,同时向右移动复制一个头部模型,在弹出的 Clone Options 窗口进行如图 4-17 所示的设置。

(3)选择刚刚复制的头部模型,在修改编辑命令面板中下拉指定为节点次级结构编辑层级,同时在 Soft Selection(软选择)卷展栏中选择 Use Soft Selection(使用软选择)复选框。单击主工具栏中的 ✛ 移动工具按钮,移动调整角色头部嘴角的形态,如图 4-18 所示。

图 4-16　打开角色头部动画场景

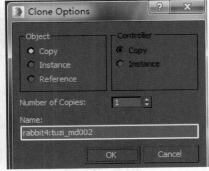

图 4-17　移动复制第 1 个头部模型

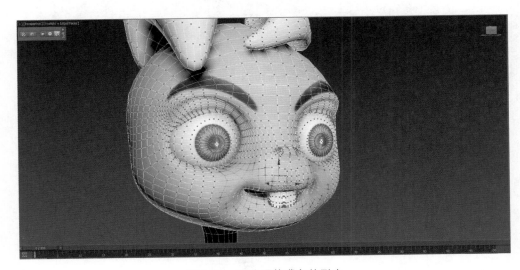

图 4-18　移动调整嘴角的形态

调整完成的咧嘴表情如图 4-19 所示。

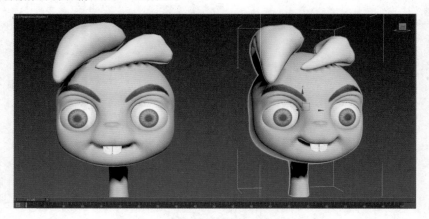

图 4-19　角色咧嘴的表情

（4）单击主工具栏中的 ✛ 移动工具按钮,选择角色头部模型,然后在按住 Shift 键的同时,再向右移动复制第 2 个头部模型,如图 4-20 所示。

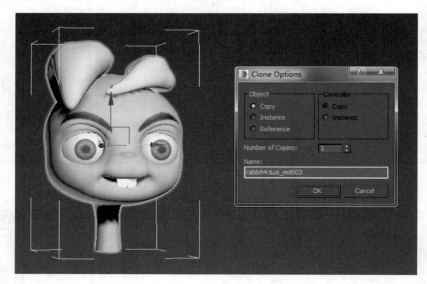

图 4-20　移动复制第 2 个头部模型

（5）在软选择模式下,单击主工具栏中的 ✛ 移动工具按钮,通过移动对象表面的节点,调整角色嘴部的形态,如图 4-21 所示。

（6）再移动并复制第 3 个头部模型,如图 4-22 所示。

（7）在软选择模式下,单击主工具栏中的 ✛ 移动工具按钮,移动节点调整角色嘴部的形态,如图 4-23 所示。

调整完成的角色撅嘴表情如图 4-24 所示。

（8）再移动并复制第 4 个头部模型,如图 4-25 所示。

（9）在软选择模式下,单击主工具栏中的 ✛ 移动工具按钮,移动节点调整角色嘴部的形态,如图 4-26 所示。

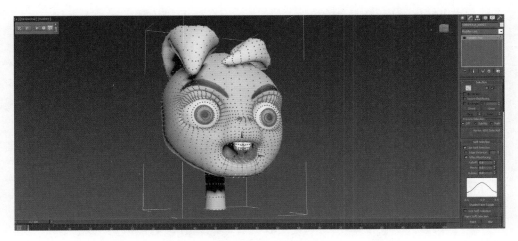

图 4-21　角色张嘴的表情

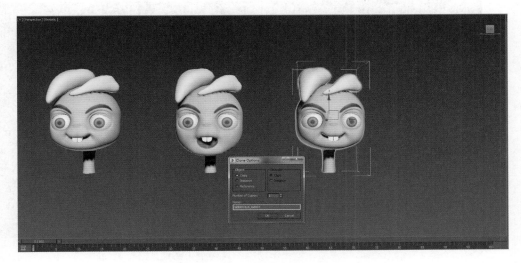

图 4-22　移动复制第 3 个头部模型

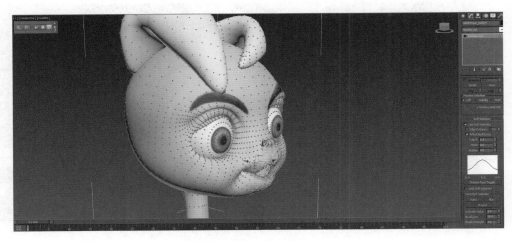

图 4-23　调整角色的嘴部形态

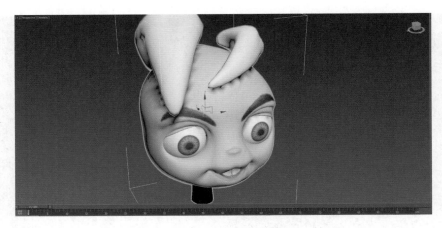

图 4-24　角色撅嘴的表情

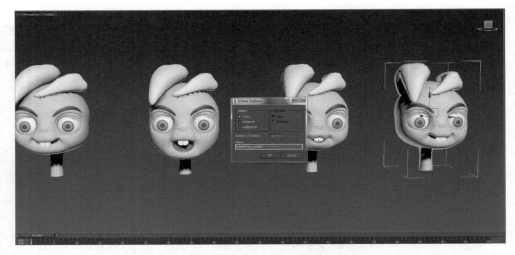

图 4-25　移动复制第 4 个头部模型

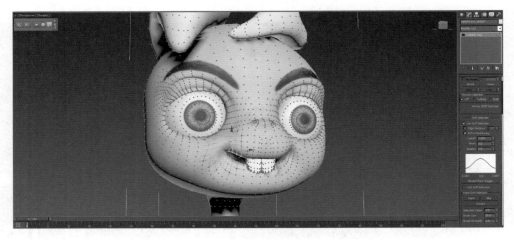

图 4-26　角色惊讶的表情

（10）再移动并复制第 5 个头部模型，如图 4-27 所示。

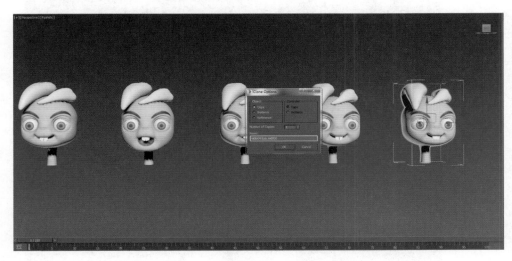

图 4-27　移动复制第 5 个头部模型

（11）在软选择模式下，单击主工具栏中的 移动工具按钮，移动节点调整角色嘴部的形态，如图 4-28 所示。

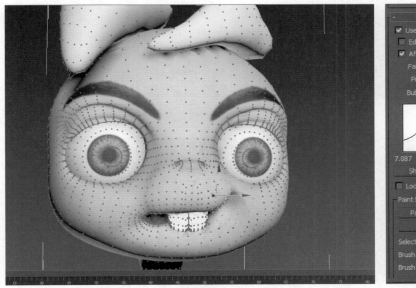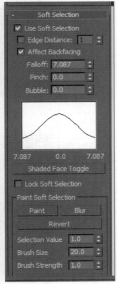

图 4-28　角色撇嘴的表情

（12）再移动并复制第 6 个头部模型，如图 4-29 所示。

（13）在软选择模式下，单击主工具栏中的 移动工具按钮，移动节点调整角色嘴部的形态，如图 4-30 所示。到目前为止场景中共包含 6 个变形目标对象，它们将分别作为表情通道。

（14）选择原始角色头部模型后，从修改编辑器下拉列表中指定 Morpher（变形）修改编辑器，如图 4-31 所示。

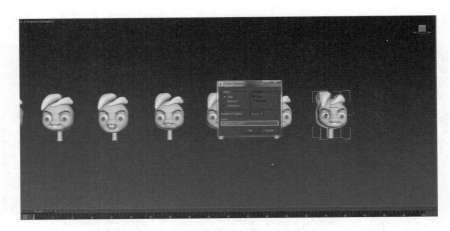

图 4-29　移动复制第 6 个头部模型

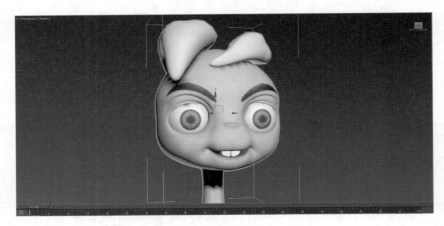

图 4-30　调整角色嘴角形态

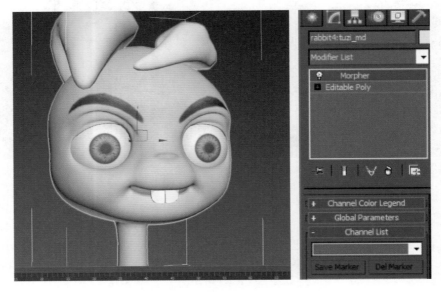

图 4-31　指定变形修改编辑器

（15）在修改编辑命令面板中单击 Load Multiple Targets（导入多个变形目标）按钮，弹出如图 4-32 所示的 Load Multiple Targets 窗口，在其中拖动鼠标框选刚刚编辑好的 6 个变形目标。

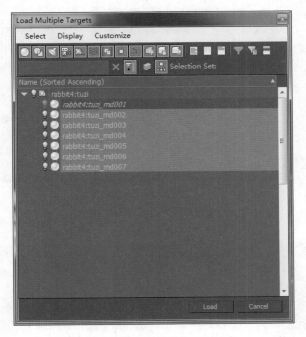

图 4-32　导入多个变形目标对象

（16）将 6 个变形目标对象分别放置在不同的表情变形通道中，后面的数值代表该变形通道所呈现的百分比，如图 4-33 所示。

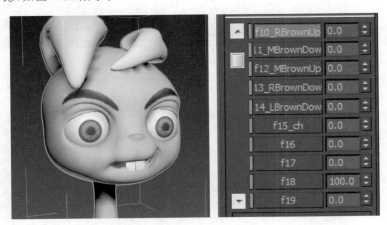

图 4-33　变形目标对象被放置在不同的表情通道中

（17）将"低眉"表情通道的参数值设定为 100%，这时角色呈现出抑郁的表情，如图 4-34 所示。

（18）将"撇嘴"表情通道的参数值设定为 100%，这时角色呈现撇嘴的表情，如图 4-35 所示。

（19）将"张嘴"表情通道的参数值设定为 40%；将"低眉"表情通道的参数值设定为 100%，这时角色呈现由两个表情通道混合在一起的复杂表情，如图 4-36 所示。

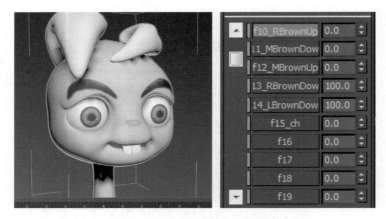

图 4-34　角色呈现抑郁的表情

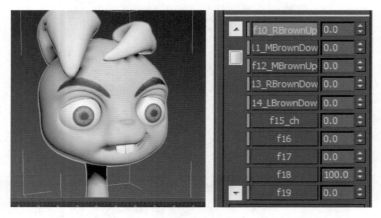

图 4-35　角色呈现撇嘴的表情

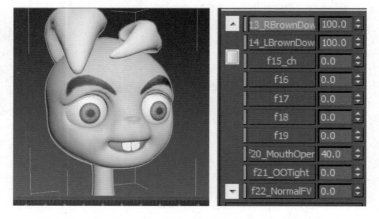

图 4-36　角色呈现由两个表情通道混合在一起的复杂表情

（20）选择一个 empty（空）通道，激活 Capture Current State（捕捉当前状态）按钮，如图 4-37 所示。

图 4-37　选择一个空通道

（21）单击 Capture Current State 按钮，弹出如图 4-38 所示的 Name Capture Object（命名捕捉对象）窗口，为当前的表情状态指定"皱眉张嘴"名称后，单击 Accept（接受）按钮关闭该窗口。

图 4-38　为新捕获的表情通道命名

（22）如图 4-39 所示，捕获的通道始终为蓝色，因为其中包含变形数据但不包含特定几何体。使用 Extract（提取）按钮可创建具有所捕获状态的网格副本。

（23）在界面的底部单击 Auto Key（自动关键帧）按钮，将时间滑块拖动到第 9 帧的位置，将"撅嘴"表情通道的参数值设置为 100，然后在该时间点创建一个表情动画关键帧，如图 4-40 所示。

（24）如果要创建先撅嘴再微笑的动画，可以将时间滑块拖动到第 5 帧的位置，然后将"微笑"表情通道的参数值设置为 80，在该时间点创建了一个表情动画关键帧。然后由程序自动运算出从"撅嘴"表情到"微笑"表情的中间变化状态，这种方式创建的表情融合渐变效果不是十分理想，如果想达到更为理想的效果可以使用变形修改编辑器的 Progressive Morph（渐进变形）功能。如图 4-41 所示，左图未使用渐进变形功能；右图使用了渐进变形功能。

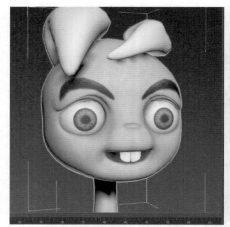

图 4-39 捕获的通道始终为蓝色

图 4-40 创建表情动画关键帧

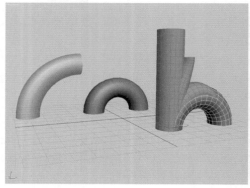
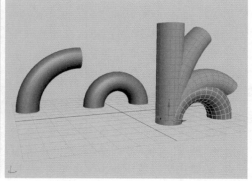

图 4-41 渐进变形功能使用效果的比较

（25）因为已经指定了"撅嘴"表情关键帧，所以在修改编辑命令面板的 Progressive Morph 窗口中包含了"撅嘴"状态，将时间滑块拖动到第 5 帧的位置，单击 Pick Object from Scene（从场景中拾取对象）按钮，在场景中单击选择"微笑"变形目标对象，这时"微笑"被加入到 Progressive Morph 窗口中，如图 4-42 所示。

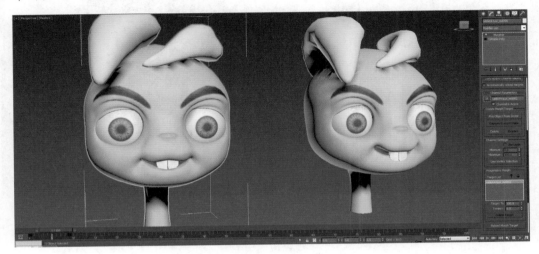

图 4-42　创建渐进变形效果

注意：Target%（目标百分比）参数用于指定中间变形目标在整个变形解决方案中所占百分比；Tension（张力）参数用于指定中间变形目标之间的节点变换线性关系。

（26）如果对某个变形目标的形态不满意，可以先选择该目标对象，然后在节点次级结构编辑层级，最后通过移动对象表面的节点修改其形态，如图 4-43 所示。

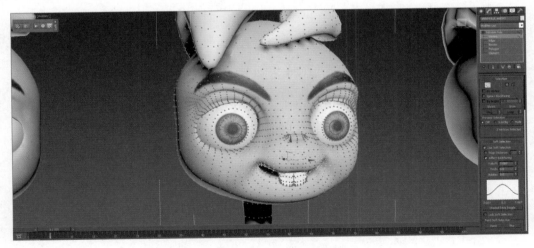

图 4-43　修改对象的形态

（27）选择主体角色，在修改编辑命令面板的对应表情通道中调节角色表性，在通道名称上右击，从弹出的快捷菜单中选择 Reload Target（重新导入目标），重新导入变形目标对象，如图 4-44 所示。

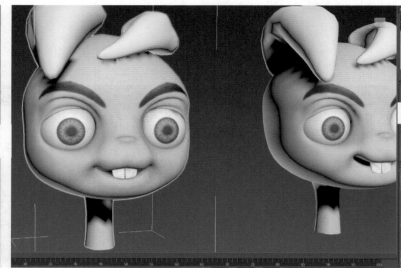

图 4-44　重新导入变形目标对象

习题

4-1　在 3ds Max 2016 中可以使用哪两种方式制作三维角色的表情动画?

4-2　在编辑变形目标对象的过程中,如何使用软选项功能进行调整?

4-3　变形通道呈现灰色、橙色、绿色、蓝色、深灰色时,各表达什么含义?

4-4　选择一个动画角色,创建并编辑该角色所有的表情变形通道,尝试使用本章介绍的脚本工具调用变形通道,创建表情动画。

第5章　角色肢体动画

本章详细讲述如何利用 Character Studio 创建角色的骨骼，并将骨骼编辑对位到角色的身体，怎样编辑角色的骨骼蒙皮，如何利用动画关键帧、动画层的设置，创建并编辑角色肢体动画和脚步动画。

5.1　Character Studio 概述

Character Studio 是 3ds Max 的最大内置插件，是三维角色动画的专业制作工具，设计师使用它可以轻松自如地创建具有人体特点的骨架并使之运动起来，产生一连串的动画效果。Character Studio 还提供了为骨架蒙皮的工具，创建的运动骨架可以应用到其他 3ds Max 三维模型上，创建逼真的动画角色。使用 Character Studio 还能创建群组角色，并通过选取代表和设定程序动作，使群组角色产生动画，例如一群狂奔的恐龙或是一群飞翔的小鸟。

Character Studio 主要由三个基本插件组成，包括 Biped(二足角色骨架)、Physique(体形修改器)和 Crowd(群组)。

Biped 可以轻松地创建骨架并任意调整它的结构。对于创建的骨架，Biped 可以使用脚步动画、关键帧以及运动捕捉创建各种各样的动画效果，并将不同的运动连接成连续的动画，或把它们组合到一起，形成一个运动序列，还可以对运动捕捉文件进行编辑。

使用 Physique 可以对创建的二足角色骨架进行编辑，并可以提供自然的表皮变形，并能精确控制肌肉隆起和肌腱的行为，从而产生自然而逼真的三维角色。此外，Physique 还可以应用到其他 3ds Max 层级中。

Crowd 通过代表和行为系统可以使一组三维对象和角色产生动画。Crowd 具有最丰富的处理行为动画的工具，可以控制成群的角色和动物，例如人群、兽群、鱼群、鸟群等，很多影视作品中气势恢宏的大场面都是由 Crowd 群组动画完成的。

Character Studio 提供了一些功能更为强大的动画混合和编辑工具。

1．运动混合器

运动混合器(Motion Mixer)用来为二足角色混合多个 BIP 文件，可以对 BIP 文件进行分层、排序、改变时间或其他操作，从而得到混合的动画序列，如图 5-1 所示。

图 5-1 中的多个剪辑可以同时影响二足角色，而且二足角色的特定身体部位还可以进行分层设置和运动权重设置，如图 5-2 所示。运动混合器能在角色身体的上部和下部运动之间自动计算平衡补偿，下部的身体运动可以沿着脊椎向上传递。

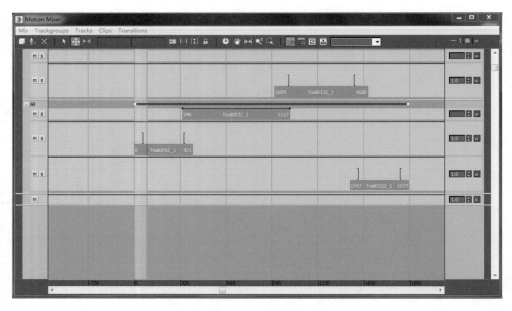

图 5-1　运动混合器

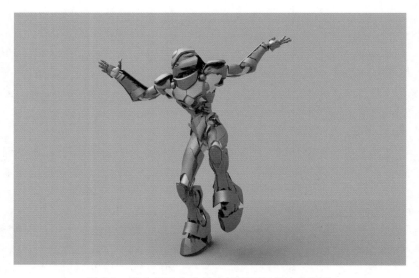

图 5-2　混合运动文件并应用到不同的身体部件

2. 动画工作平台

　　动画工作平台(Animation Workbench)提供了可视化的编辑动画的工作区域,借助内置过滤器或者通过手动调整 Function Curve Editor(功能曲线编辑器),就可以在几个方面调整并控制动画,其实动画工作平台所展示的就是二足角色设置的轨迹视图,如图 5-3 所示。

　　工作平台中的分析器可以自动分析错误的运动曲线;使用自动的 fixers(固定器)和 filters(过滤器)纠正错误的情况,过滤器还可以通过二足角色的身体部件影响整个动画;在工作平台或功能曲线编辑器上显示二足角色不同身体部件的运动轨迹曲线,通过功能曲线可以显示二足角色身体部件及其衍生物的位置或旋转变化,例如速度和加速度等。

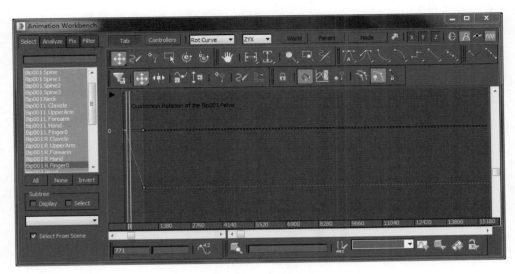

图 5-3　动画工作平台

5.2　二足角色对象

在创建命令面板中单击  创建命令按钮，进入系统创建命令面板，再单击 Biped（二足角色）按钮，进入二足角色创建模式，如图 5-4 所示。

可以创建的二足角色模式包括 skeleton（骨架）、male（男性）、female（女性）和 classic（经典二足角色），如图 5-5 所示。

图 5-4　系统创建命令面板

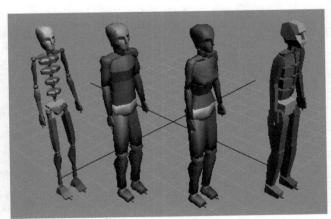

图 5-5　二足角色创建模式

Biped 模型有两条腿，它可以是人，也可以是动物，甚至可以是虚构的生物。二足角色骨架具有特殊的属性，它模仿人的关节，可以方便地创建和编辑角色动画，尤其适合 Character Studio 中的脚步动画，可以省去将脚锁定在地面上的麻烦。二足角色可以像人一样直立行走，也可以利用二足角色产生多足动物，如图 5-6 所示。

二足角色骨架具有以下一些特点：

（1）类似人的结构。二足角色的关节像人一样都链接在一起，在默认情况下二足角色类似

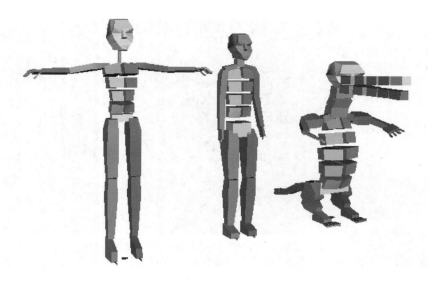

图 5-6　二足角色

于人的骨架并具有稳定的反向动力学层级。

（2）自定义非人类结构。二足角色骨架可以很容易变形为四足动物，如恐龙。

（3）自然旋转。当旋转二足角色脊椎时，手臂保持它们相对于地面的角度，而不是随肩一起运动。

（4）设置脚步。二足角色骨架特别适合于角色的脚步动画。

创建二足角色骨架后，通过 Create Biped 卷展栏上的参数可以修改二足角色的高度和结构。也可以单击 [图] 运动选项卡，进入运动命令面板，再单击 [图] 人物按钮，进入 Figure（人物）模式，通过调整 Structure（结构）卷展栏中的参数就可以对二足角色的高度和结构进行调整，如图 5-7 所示。

如果已经创建了一个二足角色，使用运动命令面板上的二足角色控制工具可以使二足角色产生动画、加载和保存二足角色文件，并能为二足角色附加网格。只要在场景中选择了二足角色的任意部分，运动命令面板上就会显示二足角色控制工具，该面板由以下卷展栏构成：Assign Controller（指定控制器）卷展栏、Biped Apps（二足角色应用）卷展栏、Biped（二足角色）卷展栏、Track Selection（轨迹选择）卷展栏、Bend Links（混合链接）卷展栏、Copy/Paste（复制/粘贴）卷展栏、Structure（结构）卷展栏、Footstep Creation（脚步建立）卷展栏、Footstep Operations（脚步操作）卷展栏、Motion Flow（运动序列）卷展栏、Mixer（混合器）卷展栏、Dynamics & Adaptation（动力学和适应）卷展栏。

图 5-7　运动命令面板

5.3 二足角色应用范例

本节将通过创建一个三维动画角色的动画,详细讲述如何利用 Character Studio 创建角色的骨骼,并将骨骼编辑对位到角色的身体,以及如何将角色身体的不同部位绑定到骨骼之上。

(1)选择 File→Open 命令,打开如图 5-8 所示的动画角色场景文件。

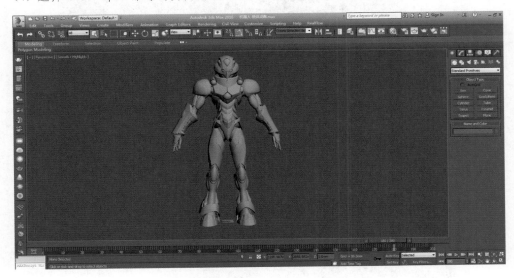

图 5-8　打开动画角色场景文件

(2)单击组合键 Alt＋X 使机器人半透明显示,如图 5-9 所示。

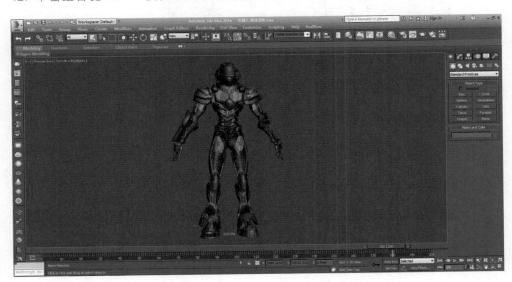

图 5-9　半透明显示

(3)在场景中的机器人模型上右击,从弹出的快捷菜单中选择 Freeze Selection,冻结机器人的编辑状态,如图 5-10 所示。

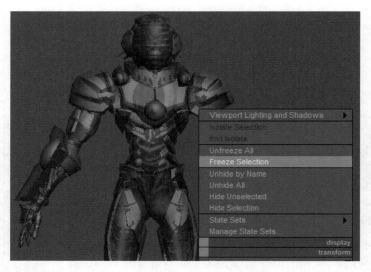

图 5-10　冻结机器人

（4）在创建的命令面板中单击 ✦ 创建命令按钮，进入系统创建命令面板，单击其下的 Biped 按钮，在场景中单击并拖动鼠标创建一个二足角色骨骼，如图 5-11 所示。

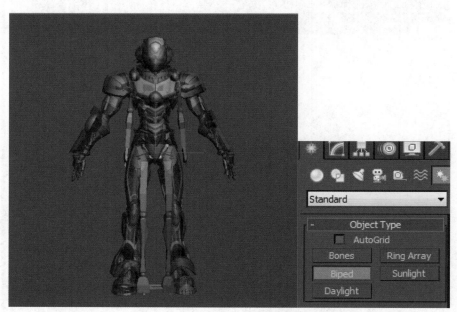

图 5-11　创建二足角色骨骼

（5）单击 ◉ 运动选项卡，进入运动命令面板，再单击 ⚐ 人物按钮，进入骨骼编辑模式，展开 Structure(结构)卷展栏中的 Body Type(身体类型)下拉列表，选择 Skeleton 模式，如图 5-12 所示。

（6）使用主工具栏中的移动工具，将 CS 骨骼移动到如图 5-13 所示的位置，使骨骼骨盆位置与机器人骨盆位置相匹配。

（7）使用主工具栏中的移动工具，将 CS 骨骼的手臂移动到机器人模型手臂的相应位置，如图 5-14 所示。

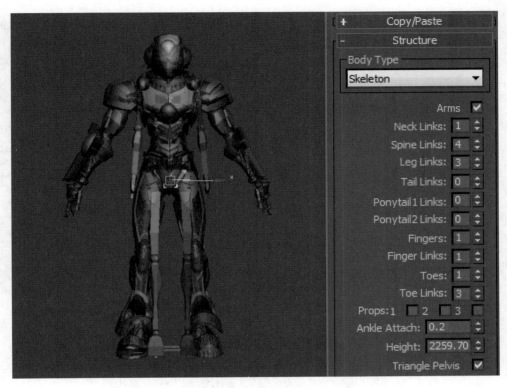

图 5-12 指定骨骼的类型

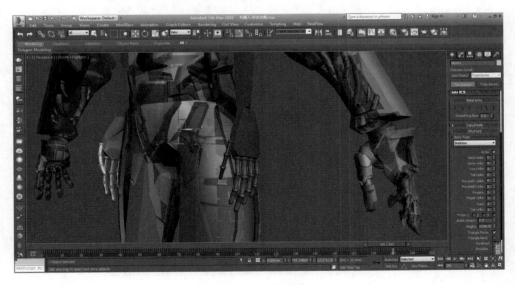

图 5-13 对应骨盆位置

（8）按 F3 键指定为线框显示模式，选择角色手臂部位的骨骼，单击主工具栏中的 缩放工具按钮，放大该骨骼使其与机器人模型相匹配，如图 5-15 所示。

（9）按 F3 键取消线框显示模式，选择角色拇指骨骼，使用主工具栏中的 移动工具和

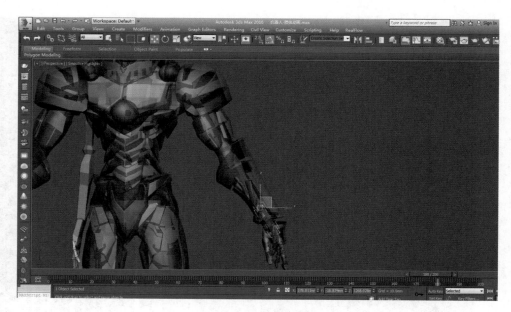

图 5-14　移动手臂骨骼

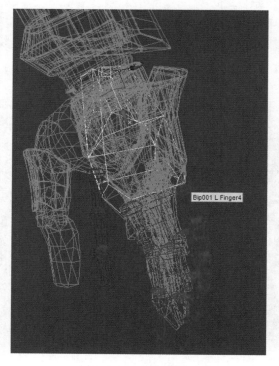

图 5-15　缩放手部骨骼

缩放工具按钮,将该骨骼与角色拇指的模型相匹配,如图 5-16 所示。

　　(10)依照上述相同的操作步骤,分别调整其他手指骨骼的尺度与角色模型相匹配,如图 5-17 所示。

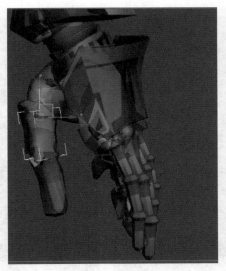
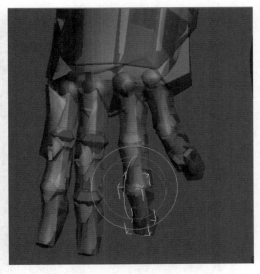

图 5-16　调整拇指骨骼的尺度和位置　　　　图 5-17　调整身体其他部位骨骼的尺度

（11）框选右侧所有手臂部位的骨骼，在运动命令面板的 Copy/Paste（复制/粘贴）卷展栏中单击  创建集合按钮创建集合，再单击 Posture（姿态）按钮，然后单击  复制按钮复制该姿态，如图 5-18 所示。

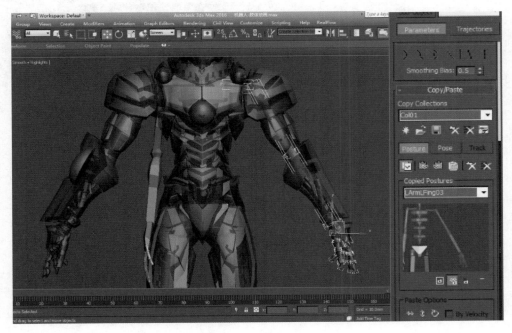

图 5-18　复制姿态

（12）然后单击命令面板中的  向对侧粘贴姿态按钮，左侧手臂的骨骼状态便自动进行了调整，如图 5-19 所示。

（13）按 F3 键指定为线框显示模式，在场景中选择颈部骨骼，并单击主工具栏中的  旋转工具按钮，旋转骨骼使头部骨骼与模型相匹配，如图 5-20 所示。

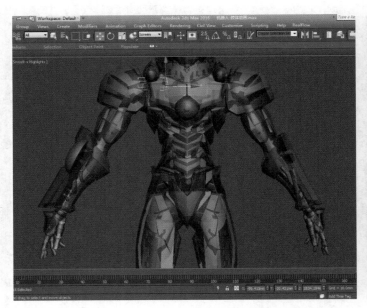

图 5-19　向对侧粘贴姿态

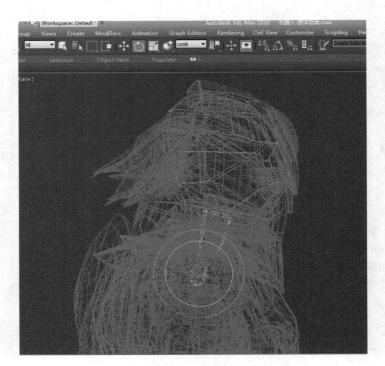

图 5-20　调整颈部头部位置

　　(14)切换为前视图,选择头部骨骼,单击主工具栏中的 ⬚ 缩放工具按钮,缩放头部的骨骼尺寸,使其与模型头部相匹配,如图 5-21 所示。

　　(15)按 F3 键指定为线框显示模式,单击主工具栏中的 ⬚ 移动工具按钮,在场景中选择并移动脚部骨骼,使其与模型相匹配,如图 5-22 所示。

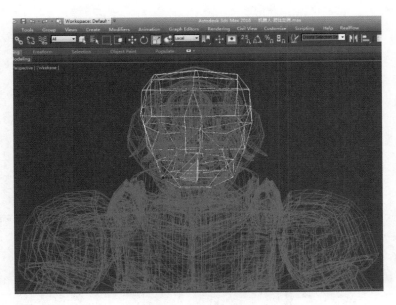

图 5-21 缩放头部骨骼

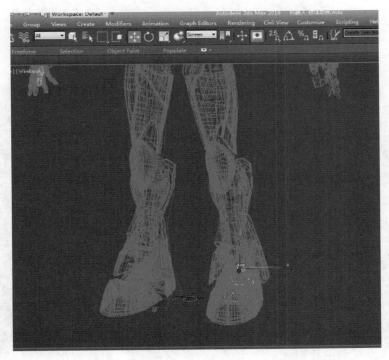

图 5-22 移动脚部骨骼

（16）单击主工具栏中的 缩放工具按钮，缩放脚部的骨骼尺寸，使其与模型相匹配，如图 5-23 所示。

（17）按 F3 键取消线框显示模式，框选右侧腿部全部骨骼，在运动命令面板的 Copy/Paste 卷展栏中单击 创建集合按钮，再单击 Posture 按钮，然后单击 复制按钮复制该姿态，如图 5-24 所示。

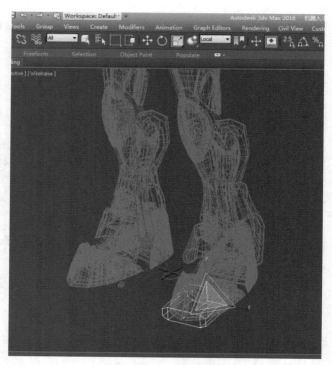

图 5-23　缩放脚部骨骼

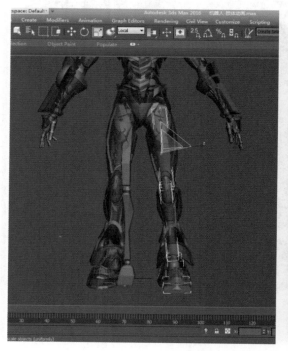

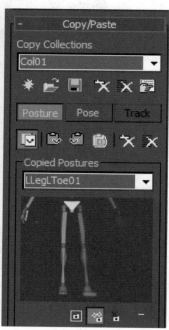

图 5-24　复制姿态

（18）然后单击命令面板中的 向对侧粘贴姿态按钮，左侧腿部的骨骼状态便自动进行了调整，如图 5-25 所示。

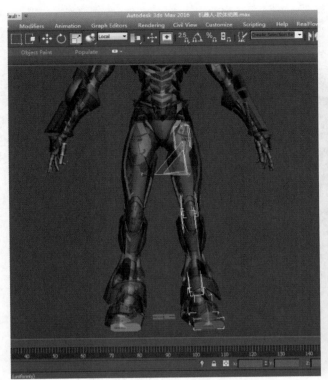

图 5-25　向对侧粘贴姿态

（19）单击主工具栏中的  缩放工具按钮，缩放头部和身体部位的骨骼尺寸，使其与模型相匹配，如图 5-26 所示。

图 5-26　缩放调整骨骼

（20）单击 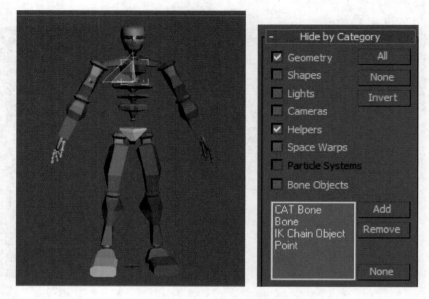 显示选项卡，进入显示命令面板，在 Hide by Category（按类别隐藏）卷展栏中，选择 Geometry（几何体）复选框，使视图中的角色模型全部隐藏，如图 5-27 所示，查看 CS 骨骼的编辑结果。

图 5-27　隐藏角色身体模型

（21）在显示命令面板的 Hide by Category 卷展栏中，取消选择 Geometry 复选框，重新显示角色身体模型。在场景中右击，从弹出的快捷菜单中选择 Unfreeze All（全部解冻）命令，如图 5-28 所示。

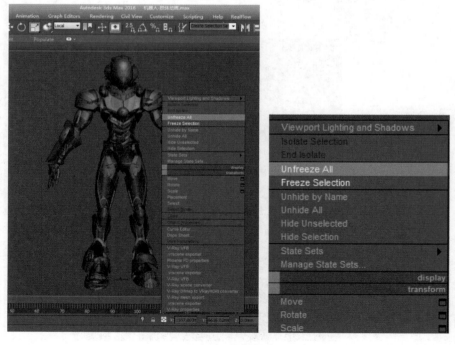

图 5-28　全部解冻

（22）选择机器人模型，单击![icon]修改编辑选项卡，进入修改编辑命令面板，从修改编辑器下拉列表中选择 Skin（蒙皮）修改编辑器，如图 5-29 所示。

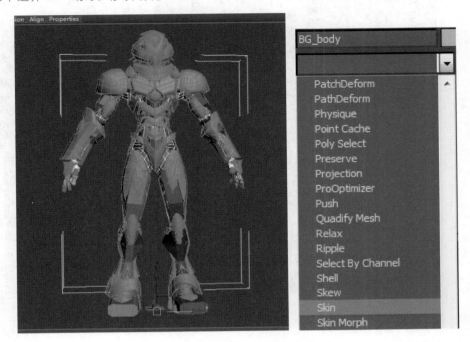

图 5-29　添加蒙皮修改编辑器

（23）在修改编辑命令面板中出现蒙皮的参数设置项目，在修改编辑堆栈中指定为 Skin 编辑层级，在 Parameters 卷展栏中单击 Add（添加）按钮，弹出 Select Bones 窗口，然后在该窗口中选择所有骨骼对象，如图 5-30 所示。

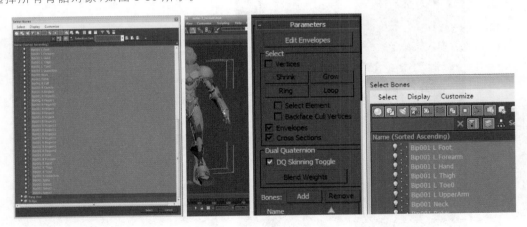

图 5-30　添加骨骼

（24）在 Select Bones 窗口中单击 Select 按钮，在右侧修改编辑命令面板中会出现所选择的骨骼，如图 5-31 所示。

（25）在场景中选择机器人外部金属甲模型，在其上右击，从弹出的快捷菜单中选择 Hide Selection 命令，隐藏机器人外部金属甲模型，如图 5-32 所示。

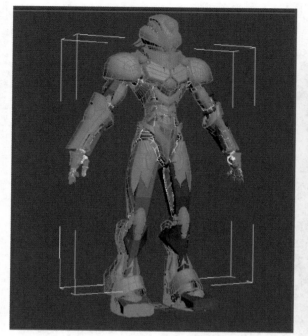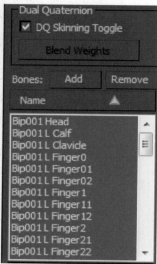

图 5-31　骨骼添加到列表中

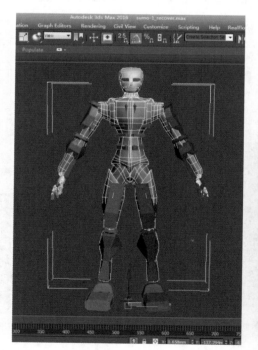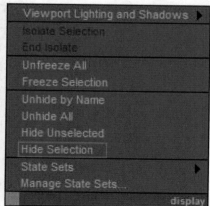

图 5-32　隐藏机器人金属甲

（26）单击 🖸 显示选项卡，进入显示命令面板，在 Hide by Category 卷展栏中，选择 Bone Objects（骨骼对象）复选框，使场景中骨骼全部隐藏，如图 5-33 所示。

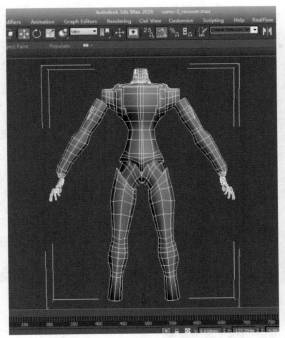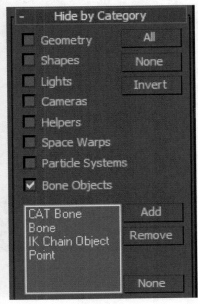

图 5-33　隐藏骨骼

（27）从修改编辑堆栈中下拉编辑框并选择 Envelop（封套）层级，在骨骼列表中选择一个骨头后，单击 Edit Envelops（编辑封套）按钮，在场景中对应的骨头上出现封套线框，如图 5-34 所示。

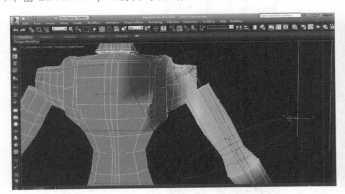

图 5-34　显示蒙皮封套

（28）在场景中选择封套的控制点，使用主工具栏中的移动工具，通过移动控制点位置调节封套作用的范围，如图 5-35 所示。

（29）还是在 Envelop 层级，在骨骼列表中选择胸部的骨头后，单击 Edit Envelops（编辑封套）按钮，然后在 Select 项目中选择 Vertices 复选框，如图 5-36 所示。

（30）在修改编辑命令面板的 Weight Properties（权重属性）卷展栏中单击 ⬚ 权重工具按钮，弹出 Weight Tool（权重工具）窗口，框选右侧手臂部位需要调节权重的点，如图 5-37 所示。

（31）在权重工具窗口中单击一个数字按钮，也可以直接设置 Set Weight 参数，如图 5-38 所示。

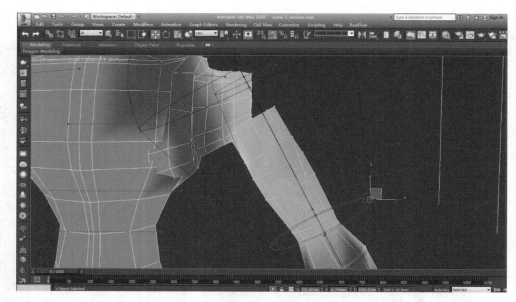

图 5-35　调节封套

图 5-36　进入顶点模式

注意：在权重工具窗口中，第二排的数字有 0、0.1、0.25、0.5、0.75、0.9、1。0 表示该节点不会受封套影响；0.5 表示受封套 50% 强度的影响；1 表示完全受封套控制。

（32）依据相同的操作步骤，调节模型上各个节点的权重，如图 5-39 所示。

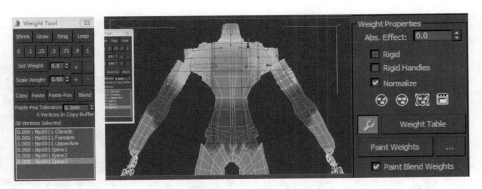

图 5-37　框选右侧手臂部位需要调节权重的点

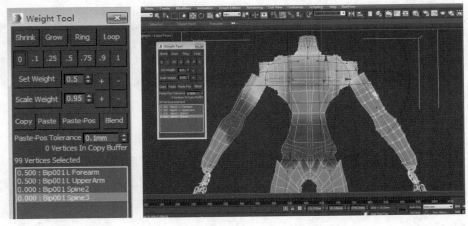

图 5-38　调节右臂上节点的权重

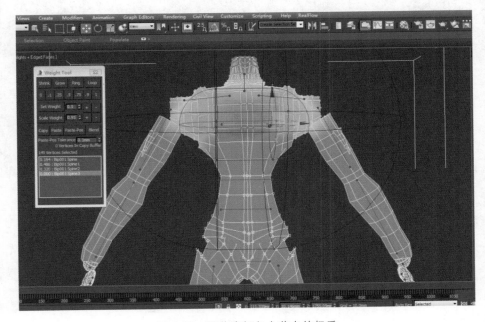

图 5-39　调节胸部各个节点的权重

（33）在列表中选择右侧大腿部位的骨头，显示该骨头的封套控制线，在修改编辑命令面板中单击 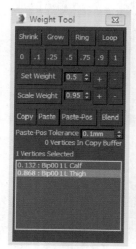 权重工具按钮，弹出权重工具窗口，如图 5-40 所示。

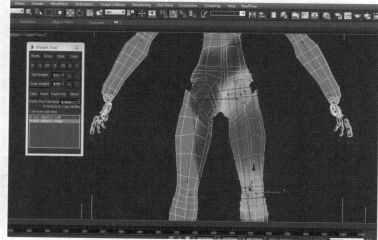

图 5-40　选择大腿骨的封套

（34）按照相同的操作步骤，调节大腿部各个节点的权重参数，如图 5-41 所示。

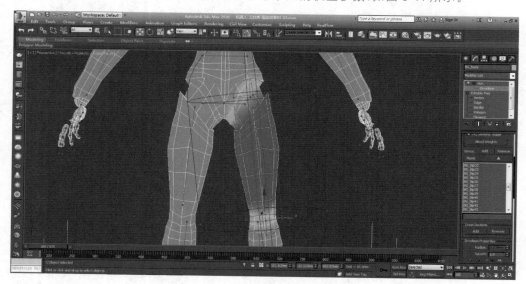

图 5-41　调节大腿部节点权重

（35）依据相同的操作步骤，调节小腿部各个节点的权重参数，如图 5-42 所示。

（36）在场景中右击，从弹出的快捷菜单中选择 Unhide All（全部取消隐藏）命令。

（37）单击右侧的 显示选项卡，进入显示命令面板，在 Hide by Category 卷展栏中选择 Helpers（帮助对象）复选框，隐藏视图中的所有帮助对象，如图 5-43 所示。

（38）选择机器人右小臂外部模型，在主工具栏中单击 选择链接工具，然后拖动外部模型链接到对应的右侧小臂的骨骼上，如图 5-44 所示。

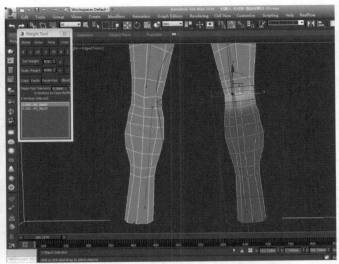

图 5-42　调节小腿部位节点权重

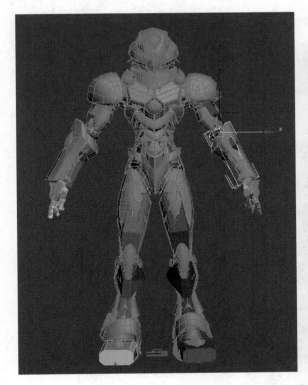

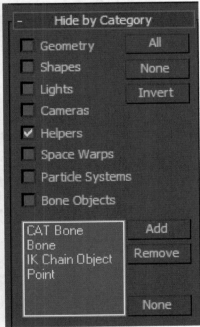

图 5-43　隐藏帮助对象

（39）依据相同的操作步骤，使用主工具栏中的 选择链接工具，选择机器人外部拇指模型链接到对应的拇指骨骼上，如图 5-45 所示。

（40）依据相同的操作步骤，使用主工具栏中的 选择链接工具，依次选择机器人外部轮廓模型，链接到对应部位的骨骼上，如图 5-46 所示。

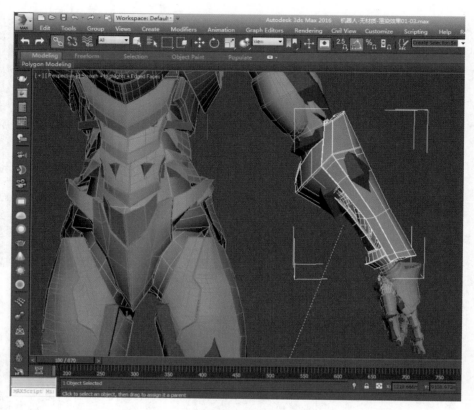

图 5-44　链接右小臂外部模型

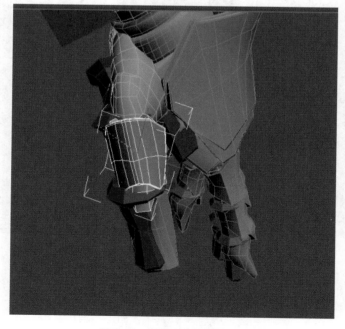

图 5-45　链接外部拇指模型

图 5-46 完成机器人外部轮廓模型与对应骨骼的链接

（41）使用主工具栏中的移动工具，选择移动角色的骨骼，检查蒙皮和链接是否成功，如图 5-47 所示。

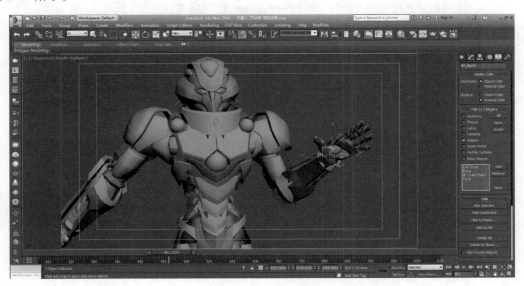

图 5-47 检查蒙皮和链接

（42）单击 运动选项卡，进入运动命令面板，单击 Parameters 按钮，在 Motion Capture（运动捕捉）卷展栏中，单击 加载运动捕捉文件按钮，如图 5-48 所示。

（43）在弹出的 Open（打开）窗口中，选择已经准备好的舞蹈运动捕捉文件，如图 5-49 所示。

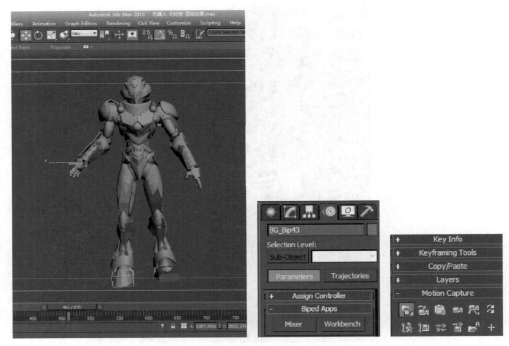

图 5-48　导入运动捕捉文件

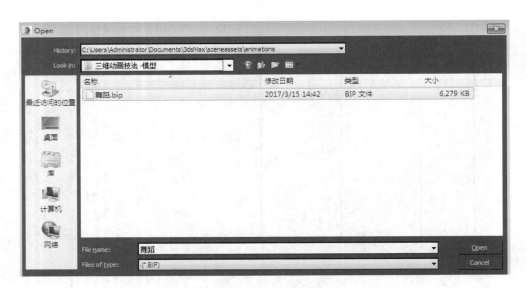

图 5-49　选择运动捕捉文件

（44）在 Open 窗口中单击 Open 按钮，加载运动捕捉文件之后，弹出 Motion Capture Conversion Parameters（运动捕捉转化参数）窗口，参数设置如图 5-50 所示。

（45）在 Motion Capture Conversion Parameters 窗口中单击 OK 按钮，关闭该窗口，场景中机器人骨骼上已经成功加载了运动捕捉的数据，拖动界面底部的时间滑块，可以观察到机器人呈现出的舞蹈动作，如图 5-51 所示。

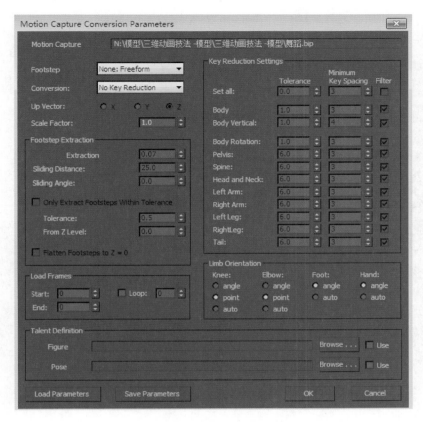

图 5-50　设置运动捕捉转化参数

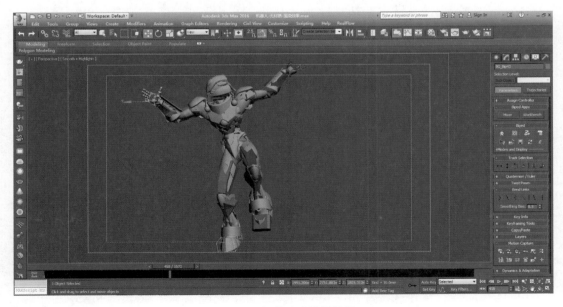

图 5-51　加载运动捕捉数据

（46）单击界面右侧的 ▣ 显示选项卡，进入显示命令面板，在 Hide by Category 卷展栏中，选择 Bone Objects 复选框，使视图中骨骼全部隐藏，如图 5-52 所示。

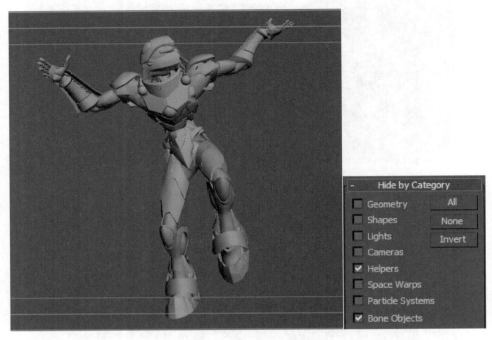

图 5-52　隐藏骨骼

（47）机器人舞蹈的最终渲染效果如图 5-53 所示。

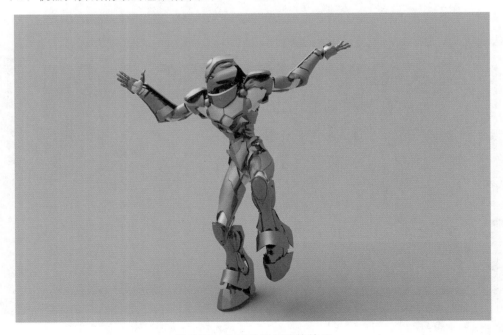

图 5-53　动画的最终渲染效果

注意：因为在这个范例中，机器人的身体属于机械刚体，所以使用链接工具直接将其身体外部模型的各个部位链接到骨骼就可以了，如果角色是有机生物，还需要进行进一步的蒙皮编辑。

习题

5-1　Character Studio 主要由哪三个基本模块组成？各个模块实现哪些功能？

5-2　运动混合器能实现哪些功能？

5-3　Character Studio 中可以创建哪四种二足角色模型？

5-4　选择一个动画角色，为其创建并编辑 Biped 骨骼，最后为该动画角色进行蒙皮编辑。

第6章 反应器动力学动画

本章首先概述反应器动画的作用原理,然后介绍刚体对象、刚体对象集成和约束,最后通过精心设计的两个范例,详细讲述反应器动力学动画的创建与编辑方式。

6.1 反应器概述

反应器(reactor)是 3ds Max 2016 中提供的动力学插件,允许动画设计师通过一系列方便的控制项目,模拟一些复杂、真实的场景效果,如模拟织物、液体、绳索等。反应器完全支持刚体和软体动力学模拟,还可以模拟使用关节进行约束和接合的躯体;模拟自然界中的一些动力状态,如风或发动机,创建丰富的动态环境。

如果已经在 3ds Max 中创建了一个对象,就可以利用反应器为它们指定真实的物理属性,这些物理属性包括质量、摩擦力和弹力。对象既可以是固定不动的,也可以是自由运动的,还可以通过多种约束结合到一起。通过为对象指定这些真实的物理属性,可以快速而且方便地模拟真实世界的动力学效果,还可以创建精确的动力学关键帧动画。

如果已经在场景中创建了反应器,可以快捷地使用实时模拟显示窗口预览它的作用效果,还可以交互地测试反应器的动力学效果,改变场景中所有对象的相对位置,极大地减少了动画设计的时间。只要单击一下就可以将编辑好的场景传递到 3ds Max 2016 中,并保持所有的动画属性。

使用反应器可以使动画设计师从烦琐的手工动画调整工作中解放出来,如创建建筑物爆炸的动画和创建桌布、窗帘等软体对象。反应器也支持所有的 3ds Max 标准功能,例如关键帧和蒙皮等,因此,可以在相同的场景中同时编辑传统动画和反应器动力学动画。

创建反应器动力学之后,可以利用一些快捷的工具对其进行调整,如 automatic keyframe reduction(自动关键帧缩减),还可以简化由反应器动力学所创建的动画。

在 3ds Max 2016 中可以通过多种途径访问反应器的动力学功能,例如在创建命令面板中单击 辅助对象按钮,从帮助对象创建命令面板的创建类型下拉列表中可以找到大多数的反应器对象,如图 6-1 所示。

如果已经在场景中创建了一个反应器对象,选择该反应器对象并打开修改编辑命令面板,可以允许重新设置其特性。在修改编辑命令面板中还包含几个反应器修改编辑器,可以用于

图 6-1 帮助对象创建命令面板

模拟可变形的躯体。

3ds Max 2016 中的反应器将场景中的对象分为 Rigid Bodies(刚体)和 Deformable Bodies(软体)对象两种类型。在反应器可模拟的对象中,大多数是刚体对象,这些对象在整个动画模拟过程中都不会改变其原始形状,如一支钢笔或一块从山上滚落下来的石头。在实时状态下,刚体对象的运动模拟速度要快很多。

软体对象主要用于模拟一些在运动过程中可变形的对象,如织物、绳索等。对于软体对象,碰撞侦测就变得比较复杂,甚至软体对象自身的不同部位之间都可能会产生碰撞。基于以上的原因,软体对象的运动模拟速度要慢很多。

Havok 公司的动力学系统主要针对在日常空间尺度下(如椅子、汽车、建筑物或足球),对象相对之间的运动状态。默认的动力学空间尺度单位是米(m)或千米(km),在动画编辑过程中一定要有空间尺度的概念。

另外,还要注意 CPU 的浮点计算精度,一般情况下像 10000000 或 0.0000001 这样的参数数值表述都不适合浮点计算,所以将场景的尺度单位设置为米(m)或英尺(ft)比较合适。在该场景单位下,小到一块方糖(0.01),大到一块足球场(100.00),参数的数值表述都适合浮点计算的要求。

6.2　刚体对象

Rigid bodies(刚体对象)是反应器动力学模拟中的基础模块,用于模拟真实世界中形状不能改变的坚硬实体对象。

6.2.1　刚体对象概述

在 3ds Max 的场景中,可以使用任何几何对象创建工具创建刚体对象,创建后就可以利用反应器为这些要进行动画模拟的对象指定刚体属性,例如质量、摩擦力等属性,该对象与场景中其他刚体对象之间的碰撞属性,还可以使用诸如弹簧或枢轴这样的约束,限定刚体对象在动画模拟过程中的运动状态。

在 3ds Max 场景中,刚体对象既可以是一个单独的几何对象,也可以是由多个几何对象构成的群组,这样的群组被称为 compound rigid bodies(合成刚体对象)。如果刚体对象的几何结构发生了变化,则在动画模拟过程中仅使用该对象在动画开始帧时的几何结构。

可以为刚体对象指定几何代理对象,反应器在模拟过程中就将其视为更易于模拟的形状。另外,还可以指定在预演动画模拟的过程中,刚体对象如何显示。当将对象加入到一个 Rigid Body Collections(刚体对象集成)中后,该对象就将被作为刚体对象,但在加入刚体对象集成之前或之后,都可以编辑该刚体对象的属性。

在工具栏面板中右击,弹出工具列表,其中包含了动力学反应器 Mass FX Toolbar 工具,在反应器工具栏中单击 开启属性编辑器按钮,打开 Rigid Body Properties(刚体对象属性)窗口,如图 6-2 所示。

在物理属性卷展栏中有三个重要的动力学动画参数:

(1) Mass(质量):刚体对象的质量用于控制当前对象将如何与其他对象相互作用,质量参数必须大于或等于 0。当一个刚体对

图 6-2　Rigid Body Properties 窗口

象的质量参数设置为 0(默认值)时,在动画模拟过程中,如果场景中的其他对象碰撞该对象后,该对象仍旧保持原地不动。例如可以将一个斜坡对象的质量参数设置为 0,则其他对象在斜坡上滚动时,斜坡保持在初始的位置不动。

(2) Friction(摩擦力):摩擦力参数用于指定刚体对象表面的摩擦系数,即对象之间互相接触的运动过程中的平滑程度。两个相互接触对象的摩擦力参数共同构成相互之间的摩擦系数。摩擦力参数的取值范围在 0~5.0,通常将该参数设置为 0~1,可以获得比较真实的摩擦力效果。

(3) Elasticity(弹力):弹力参数用于指定具有一定运动速度的两个对象在撞击过程中的弹性效果。与摩擦力参数类似,弹性碰撞的作用效果有赖于碰撞双方弹力参数的大小,两个相互碰撞对象的弹力参数共同构成相互之间的弹性系数。弹力参数的取值范围在 0~5.0,通常将该参数设置为 0~1,可以获得比较真实的弹性效果。

6.2.2 刚体对象集成

如果当前为场景中的一个对象指定了物理属性,并将其加入到 rigid body collection(刚体对象集成)中,这时刚体对象就包含了一个几何体。刚体对象还可以由多个几何对象共同构成,该对象被称为 Compound Rigid Bodies(合成刚体对象)。构建合成刚体对象需要利用 3ds Max 的 Group(成组)菜单命令,将所有的这些对象指定为一个成组对象,然后就可以将该成组对象加入到刚体集成中,成组对象中的每一个对象都将作为刚体对象中的一个几何体。

合成刚体对象在动画模拟过程中十分有用,例如,模拟一个由多个凸面对象构成的刚体对象的速度,比模拟一个复杂的凹面对象的速度要快很多。

另外,合成刚体对象中的每一个几何体都可以具有不同的质量属性,这样就可以获得一个质量分布不均匀的刚体对象。例如可以创建一把手斧,斧子的头部由质量很大的钢铁制成,而斧子的手柄却由质量比较小的木材制成,如果将手斧抛出,斧子的手柄将围绕金属头部旋转。

刚体对象集成是一种反应器帮助对象,可以作为一个盛放刚体对象的容器,一旦在场景中创建了一个刚体对象集成,在场景中的所有其他有效刚体对象都可以被加入到该集成中。当运行动画模拟时,首先检测刚体对象集成是否激活,如果其处于激活状态,则刚体对象集成内部的对象都被加入到模拟运算之中。

6.2.3 约束

利用反应器可以通过为对象指定刚体属性,并将其加入到刚体对象集成中,来快捷创建简单的物理动画模拟。在运行动画模拟的过程中,为了能创建比较真实的动画结果,往往就要使用约束功能。例如模拟用手推开一扇门的动画效果,为了保证推开的门不会跌落到地上,还要依据正确的轴向进行旋转,就要使用约束功能。

使用约束可以限定对象在物理模拟过程中的运动可能性,依据选定的不同约束类型可以创建不同的约束结果,例如枢轴约束、角色的关节约束等,可以将对象之间彼此约束为一个运动系统,也可以将对象约束到场景空间中的一个点上。

在反应器中的约束分为 Simple Constraints(简单约束)和 Cooperative Constraints(合成约束)。例如大门的枢轴约束、火车的铁轨约束等都属于简单约束。如果在一个约束系统中包含多个对象,例如模拟一个角色对象下楼的动作,就要使用 Rag Doll 或 Hinge 约束类型将所有的骨头约束链接为骨骼系统,一旦约束系统创建之后,保持一个约束会影响到其他约束。合成约束的模拟结果更为稳定,但模拟运算速度比较慢;简单约束在复杂场景中的模拟结果不太稳定,但模拟运算的速度比较快。

在刚体动力学系统中，一个对象包含6个方向的运动自由度，即3个移动变换自由度和3个旋转变换自由度。

任何一种约束类型都可以限定所约束对象在一个或多个方向上的运动自由度。

根据6个方向自由度的限定数量和类型，可以获得不同类型的约束，从简单的Point-to-Point（点对点）约束，到比较复杂的Rag Doll（玩偶）约束。在每一种约束中，约束的坐标系统或约束空间决定成角或线性约束属性，这是因为约束系统既限定对象彼此之间的相对运动关系，又要保持对象局部坐标系与约束空间的映射关系。反应器允许独立地操纵对象的局部坐标系和约束空间。

每一个反应器约束系统中都包含两种对象：Parents（父级）对象和Children（子级）对象，尽管两个对象实际上要保持彼此之间的相对运动关系。在反应器中可以很容易地指定哪一个对象能够相对另一个对象运动，实际上就是指定子级对象相对于父级对象的运动。

对于一些约束类型，指定哪一个对象是父级对象，哪一个对象是子级对象对最终的约束结果并无影响，例如Point-to-Point约束类型。然而对于一些如同Rag doll一样的复杂约束类型，指定对象之间的父级和子级关系就相当重要了，子级对象可以依据指定的自由度相对于父级对象运动。如果将对象约束到场景空间中的一个点而不是其他对象，被约束的对象还是子级对象，但不是父级对象。

对于大多数的约束，默认约束空间被对齐到子级对象，这就意味着约束的轴心点/结合点被放置在子级对象的轴心点上，约束空间的方向也被对齐到子级对象的局部坐标空间。但以上原则不适用于具有两个结合点的约束类型，如Springs、Stiff Springs和Point-to-Path约束类型，这些约束类型具有自身默认的对齐方式。

可以通过在约束的修改编辑堆栈中选择Parent Space（父级空间）或Child Space（子级空间），然后使用"选择移动"或"选择旋转"工具移动或旋转每个对象的约束空间。

6.2.4 动力学刚体动画范例1-多米诺骨牌

本节要创建多米诺骨牌的动画效果。

（1）在创建命令面板中单击 ⬤ 几何体按钮，在标准几何体创建命令面板中单击Box按钮，在场景中单击并拖动鼠标创建一个长方体，如图6-3所示。

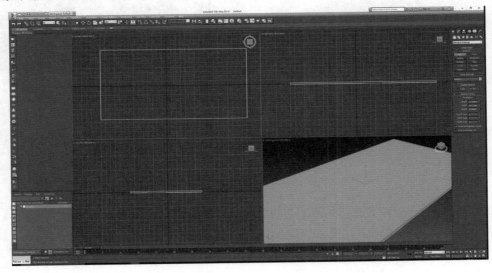

图6-3 创建长方体

（2）再在场景中创建一个小长方体作为多米诺骨牌，如图 6-4 所示。

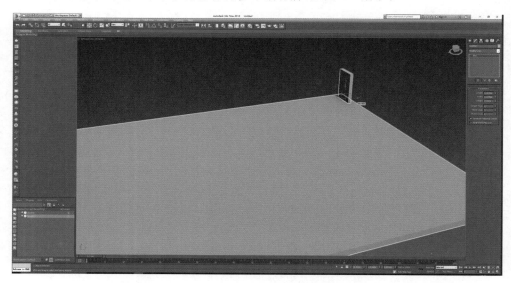

图 6-4　创建小长方体

（3）单击主工具栏中的 移动按钮选择移动工具，在按住 Shift 键的同时，在 X 轴方向移动复制长方体，弹出 Clone Options 窗口，指定为 Copy 复制模式，复制数量设置为 30，如图 6-5 所示。

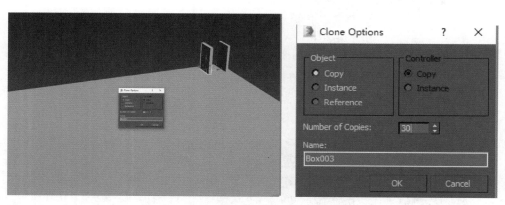

图 6-5　移动复制小长方体

（4）单击主工具栏中的 旋转按钮选择旋转工具，将第一个多米诺骨牌向左旋转 45°，如图 6-6 所示。

（5）在工具栏中右击，在弹出的列表中选择 Mass FX Toolbar 工具栏，如图 6-7 所示。
弹出的 MassFX Toolbar 工具栏如图 6-8 所示。

（6）拖动鼠标框选场景中的所有多米诺骨牌，如图 6-9 所示。

（7）在 MassFX Toolbar 工具栏中，单击 几何体按钮将选择的对象作为动力学刚体，如图 6-10 所示。

（8）选择场景中的底面长方体，在 MassFX Toolbar 工具栏中，单击 设置选定项为静态刚体按钮，将选择的对象作为静态的刚体，如图 6-11 所示。

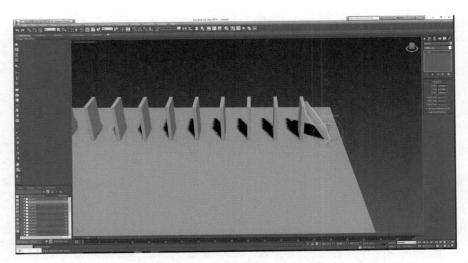

图 6-6　旋转第一个多米诺骨牌

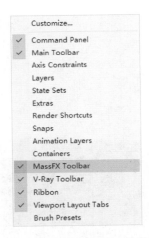

图 6-7　选择 MassFX Toolbar 工具栏

图 6-8　MassFX Toolbar 工具栏

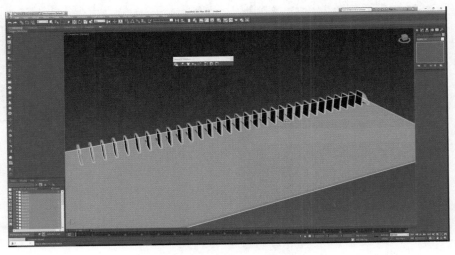

图 6-9　选中所有多米诺骨牌

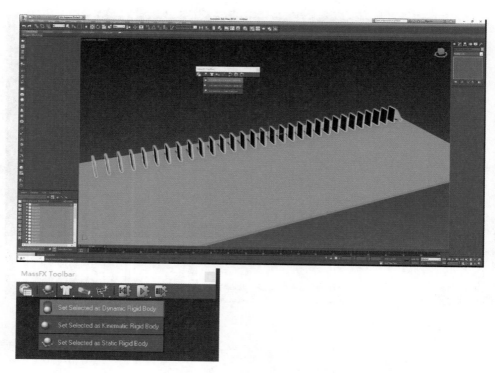

图 6-10　为物体添加运动学刚体属性

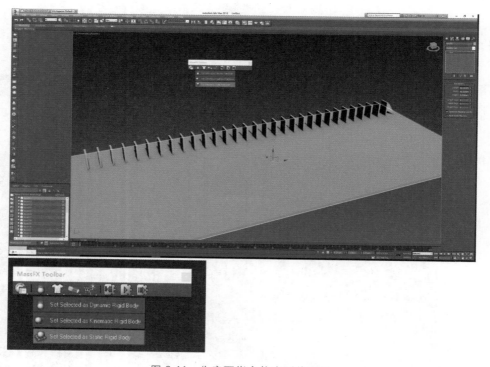

图 6-11　为底面指定静态刚体属性

（9）在 MassFX Toolbar 工具栏中，单击 ![]世界参数按钮，打开 MassFX 工具对话窗口，拖动鼠标框选场景中的所有多米诺骨牌，调节多米诺骨牌的质量和弹力参数，如图 6-12 所示。

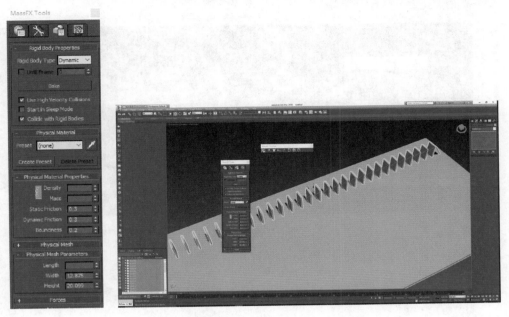

图 6-12 调节多米诺骨牌的质量和弹力参数

（10）在 MassFX Toolbar 工具栏中，单击 ![]开始模拟按钮可以开始模拟，单击 ![]回到初始状态按钮可恢复为原始状态，如图 6-13 所示。

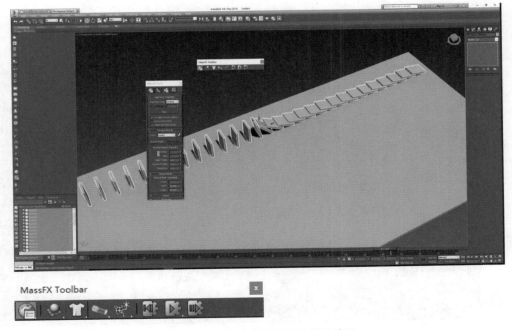

图 6-13 查看多米诺骨牌的模拟效果

（11）在左视图中框选所有的多米诺骨牌，使用主工具栏中的选择移动和变换工具，在按住 Shift 键的同时，向右移动复制，弹出克隆选项对话窗口，设置为 Instance 关联复制类型，将复制数量设置为 10，如图 6-14 所示。

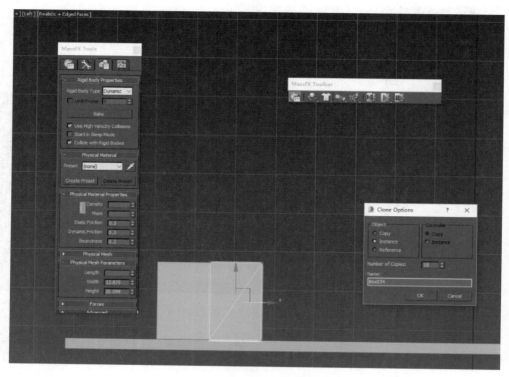

图 6-14　移动复制多米诺骨牌

（12）在主工具栏中单击 材质编辑器按钮，打开如图 6-15 所示的材质编辑器。

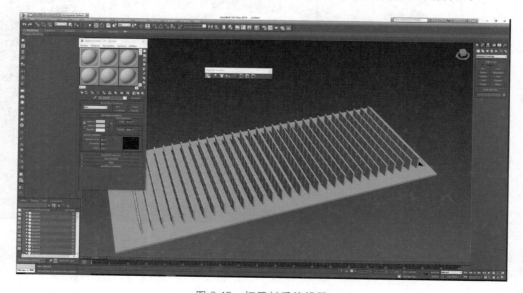

图 6-15　打开材质编辑器

（13）选择一个材质球，单击 Blinn Basic Parameters 卷展栏中 Diffuse 色块右侧的空白按钮，为其指定一个位图贴图，如图 6-16 所示。

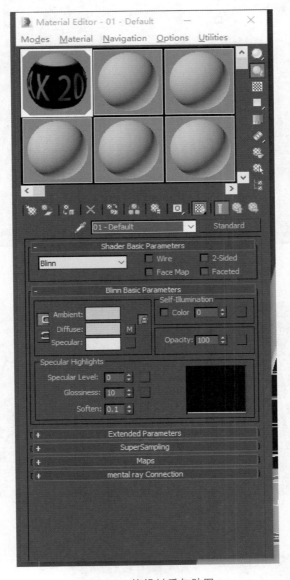

图 6-16 编辑材质与贴图

（14）在动画场景中选择所有的多米诺骨牌后，在材质编辑器中单击 [按钮] 将材质指定给选定对象按钮，将编辑好的贴图材质指定给选定的对象，如图 6-17 所示。

（15）确认所有的多米诺骨牌处于选取状态，在修改编辑命令面板的修改编辑器下拉列表中选择 UVW Map（贴图坐标）修改编辑器，修改贴图坐标的尺寸使之与多米诺骨牌的矩阵尺寸相匹配，如图 6-18 所示。

（16）在 MassFX Toolbar 工具栏中，单击 [按钮] 开始模拟按钮，查看动力学计算的最终效果，如图 6-19、图 6-20 所示。

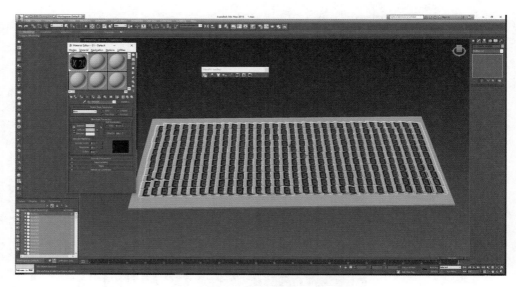

图 6-17　为多米诺骨牌指定材质

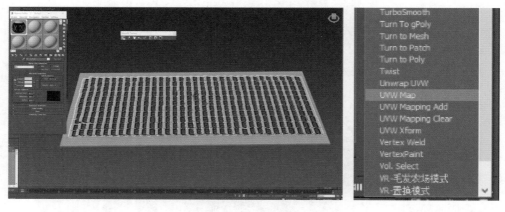

图 6-18　修改贴图尺寸

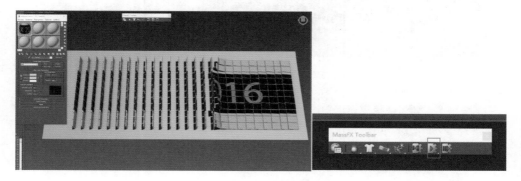

图 6-19　动力学模拟效果

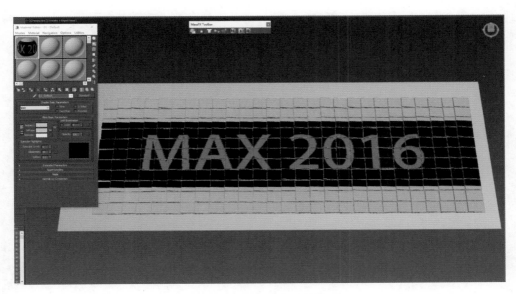

图 6-20　生成动画关键帧

6.2.5　动力学刚体动画范例 2-保龄球

本范例通过运用刚体动力学模拟,制作保龄球运动过程中撞击的动画效果,如图 6-21 所示。

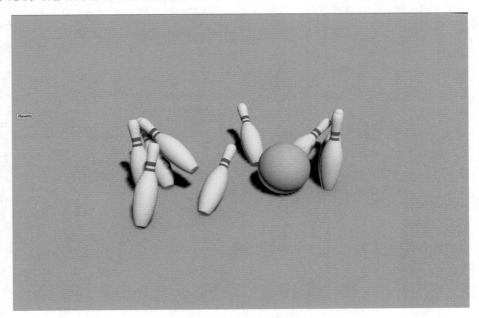

图 6-21　保龄球撞击的最终效果

（1）打开一个保龄球和球瓶的场景文件,在工具栏中右击,在弹出的快捷菜单中选择 MassFX Toolbar 命令,如图 6-22 所示。

（2）在动画场景中拖动鼠标框选所有的球瓶,在 MassFX Toolbar 工具栏中,单击 ■ 设置选定项为运动学刚体按钮,将选择的对象作为运动学刚体,如图 6-23 所示。

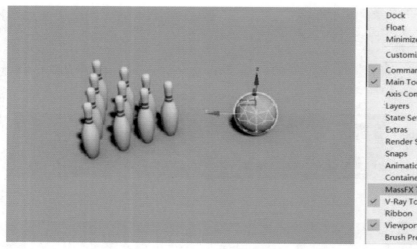

图 6-22　打开动画场景文件

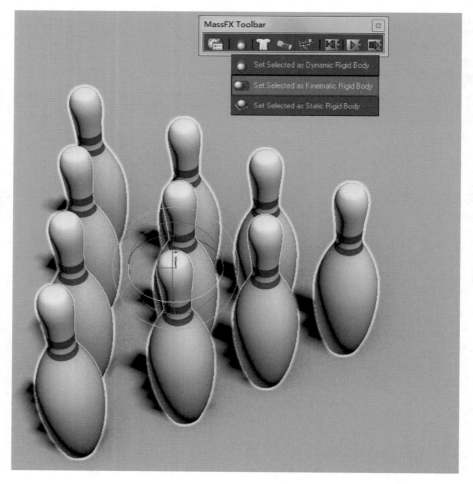

图 6-23　设置运动学刚体

（3）在动画场景中单击选择保龄球，在 MassFX Toolbar 工具栏中，单击  设置选定项为运动学刚体按钮，将选择的对象作为运动学刚体，如图 6-24 所示。

图 6-24　设置运动学刚体

（4）在动画场景中单击选择平面，在 MassFX Toolbar 工具栏中，单击 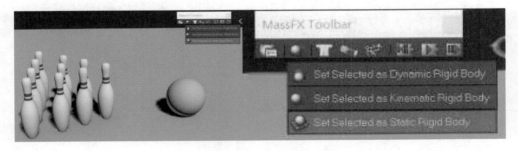 设置选定项为静态刚体按钮，将选择的对象作为静态的刚体，如图 6-25 所示。

图 6-25　设置静态刚体

（5）单击界面右下角的 Auto（自动关键帧）按钮，在第 0 帧的位置，使用主工具栏中的移动工具将保龄球拖动到如图 6-26 所示的位置。

（6）在第 35 帧的位置，使用主工具栏中的移动工具将保龄球拖动到如图 6-27 所示的位置，让保龄球穿过球瓶。

（7）在 MassFX Toolbar 工具栏中，单击 开始模拟按钮，但是发现并没有发生碰撞的效果，这是因为保龄球和球瓶都是运动学刚体。将界面底部时间轴上的时间滑块拖动到保龄球与球瓶刚接触时的时间点，记住这个位置的帧数，如图 6-28 所示。

图 6-26　移动保龄球设置动画关键帧 1

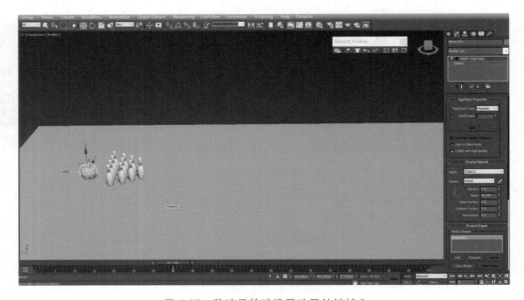

图 6-27　移动保龄球设置动画关键帧 2

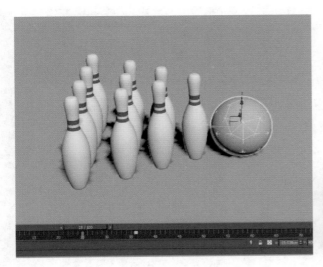

图 6-28 记住保龄球与球瓶刚接触时的时间点

（8）在 MassFX Toolbar 工具栏中，单击 ▣ 多对象编辑器按钮，打开 MassFX Toolbar 窗口，在多对象编辑器选项卡中选择 Until Frame 复选框，输入保龄球与球瓶刚接触时的帧数，如图 6-29 所示。

图 6-29 设置接触点的帧数

（9）在 MassFX Toolbar 工具栏中单击 ▶ 开始模拟按钮，查看碰撞的效果，如图 6-30 所示。

（10）发现碰撞效果不是很真实，下面接着对物体的刚体属性进行调整。选中保龄球，在修改编辑命令面板的刚体属性卷展栏中，选择 Until Frame 复选框并输入 14，如图 6-31 所示。

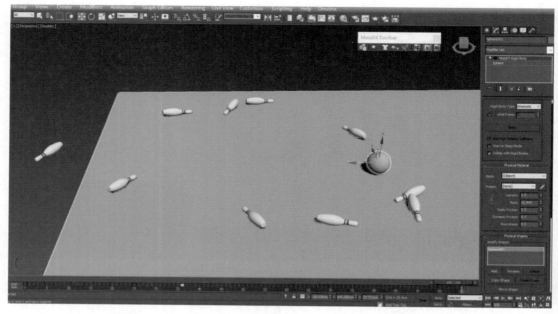

图 6-30 查看碰撞效果

图 6-31 设置保龄球的刚体属性参数

（11）在 MassFX Toolbar 工具栏中单击 开始模拟按钮，查看碰撞的效果，如果对碰撞效果满意，就可以烘培动画了。在场景中选中保龄球，在 MassFX Toolbar 工具栏中单击 模拟工具按钮，打开 MassFX Tools 窗口，在 选项卡中单击 Bake All（烘培所有动画）按钮，如图 6-32所示。

在场景中生成了保龄球撞击球瓶的动画关键帧，最终效果如图 6-33 所示。

图 6-32　烘培所有动画

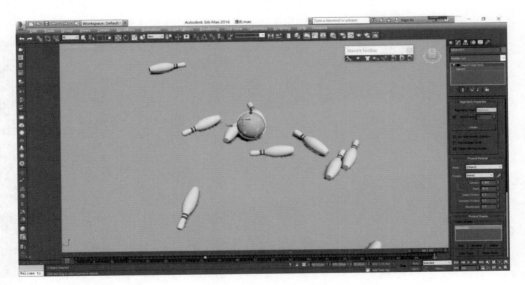

图 6-33　保龄球撞击球瓶效果

6.2.6　动力学刚体动画范例 3-子弹击碎玻璃动画

本范例利用刚体动力学和 3ds Max 破碎插件 RayFire[①] 制作子弹击碎玻璃的动画，效果如

---

　　①　RayFire Tool 是一个 3ds Max 的插件，能够制作很多特效，如物体碎裂、毁灭、拆毁大型建筑、分解、破坏、爆炸等物理动力学的动画。模拟计算的结果可以是静态的，也可以通过烘焙动画转换成为标准的 3ds Max 关键帧动画。

图 6-34 所示。

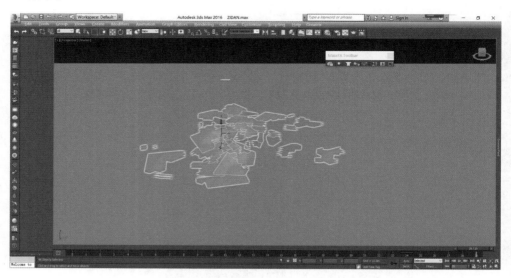

图 6-34　动力学动画的最终效果

（1）单击 ✳ 创建选项卡，在创建命令面板中单击 ◯ 几何体按钮，进入几何对象创建命令面板，下拉对象列表选择 Standard Primitives(标准几何体)，单击其下的 Box 按钮，在场景中单击并拖动鼠标创建一个长方体，如图 6-35 所示。

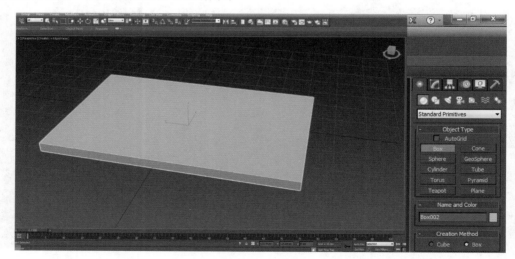

图 6-35　创建长方体

（2）在几何对象创建命令面板中，下拉对象列表选择 RayFire 插件，如图 6-36 所示。

（3）在 Object Type 卷展栏中单击 RayFire(破裂)按钮。然后再单击 Open RayFire Floater，打开 RayFire 窗口，如图 6-37 所示。

（4）在场景中选择刚刚创建的长方体，然后在 RayFire 窗口中单击 Objects 按钮和 Add 按钮，添加长方体，如图 6-38 所示。

如图 6-39 所示，长方体已经成功添加到动力学计算列表中。

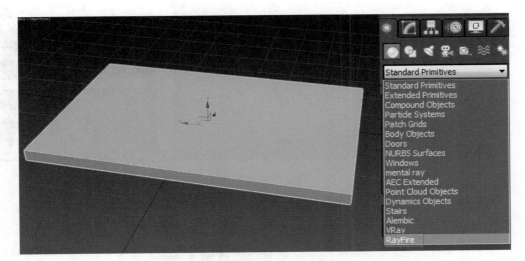

图 6-36　选择 RayFire 插件

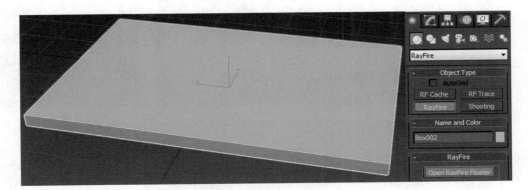

图 6-37　打开 RayFire 窗口

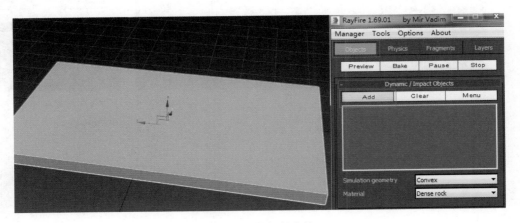

图 6-38　添加长方体

图 6-39　成功添加长方体

（5）单击 RayFire 窗口中的 Fragments（碎片）按钮，调节 Fragmentation Options 卷展栏下的 Iterations（迭代计算）参数，如图 6-40 所示。

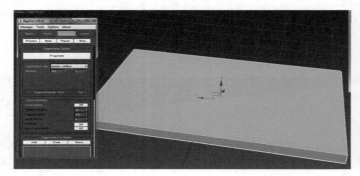

图 6-40　调节 Fragments 参数

（6）最后单击 Fragment（碎片）按钮，完成玻璃破碎效果的编辑，如图 6-41 所示。

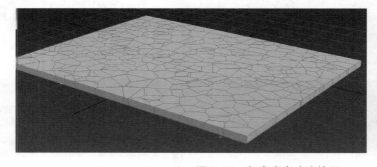

图 6-41　完成玻璃破碎效果

（7）选择 File→Open 命令，打开如图 6-42 所示的动画场景，其中包含一把枪、一发子弹、一块设置好破碎的玻璃和地面平面。

（8）首先为子弹设置移动关键帧动画，将界面底部的时间滑块拖动到第 0 帧，单击界面右下角的 设置关键帧按钮，设定一个平移动画关键帧，如图 6-43 所示。

（9）将时间滑块拖动到第 25 帧的位置，将子弹平移至玻璃左侧，单击界面右下角的 设置关键帧按钮，设定一个动画关键帧，如图 6-44 所示。

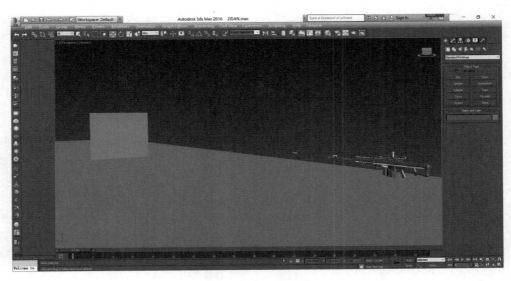

图 6-42　打开动画场景

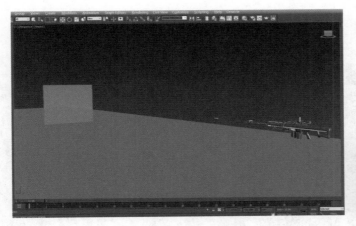

图 6-43　在第 0 帧创建一个动画关键帧

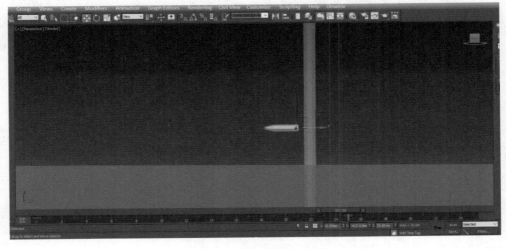

图 6-44　设置子弹动画关键帧

（10）在工具栏中右击，在弹出的快捷菜单中选择 MassFX Toolbar 命令。在动画场景中选择除底面之外的所有的对象，在 MassFX Toolbar 工具栏中单击  设置选定项为运动学刚体按钮，将选择的对象作为运动学刚体，如图 6-45 所示。

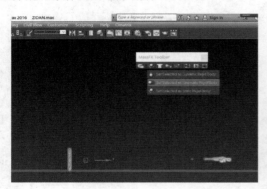

图 6-45　设置为静态刚体

（11）在动画场景中选择底面对象，在 MassFX Toolbar 工具栏中单击 设置选定项为静态刚体按钮，将选择的对象作为静态的刚体，如图 6-46 所示。

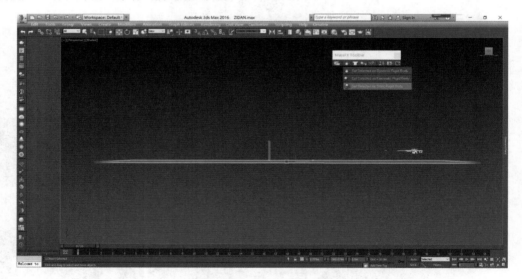

图 6-46　设置为静态刚体

（12）在动画场景中选择子弹，将时间滑块移动到 24 帧，使用主工具栏中的移动工具将子弹调整到将要碰到玻璃，如图 6-47 所示。

（13）选中玻璃对象，在 MassFX Toolbar 窗口中单击 多对象编辑器选项卡，进入多对象编辑状态，选择 Until Frame 复选框，将数值设置为 24，如图 6-48 所示。

（14）在 MassFX Toolbar 工具栏中单击 开始模拟按钮，查看碰撞的动力学动画效果，如果对碰撞效果满意，就可以烘培动画了，如图 6-49 所示。

（15）在场景中按住鼠标拖动框选所有的对象，在 MassFX Toolbar 工具栏中单击 模拟工具按钮，打开 MassFX Toolbar 窗口，在 模拟工具选项卡中单击 Bake All 按钮，在场景中生成子弹击碎玻璃的动画关键帧，如图 6-50 所示。

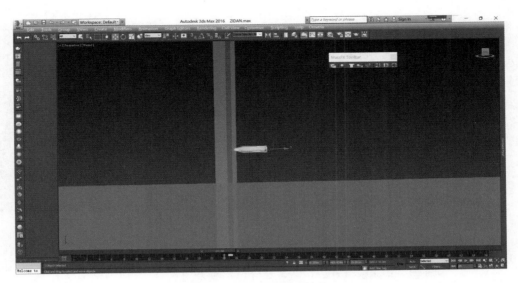

图 6-47 设置动画关键帧

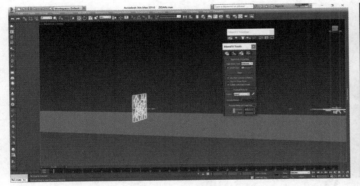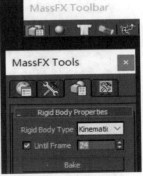

图 6-48 设置动画参数

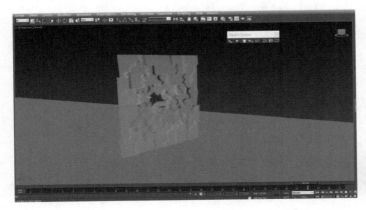

图 6-49 场景实时效果

图 6-50　动力学动画效果

6.3　动力学软体动画范例-国旗飘扬

本节要创建国旗在风中飘扬的动力学软体动画的效果,如图 6-51 所示。

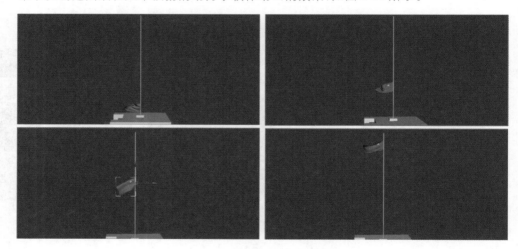

图 6-51　动力学软体动画效果

(1) 选择 File→Open 命令,打开旗杆场景模型,在标准几何体创建命令面板中单击 Plane(平面)按钮,在左视图中单击并拖动鼠标创建旗面,如图 6-52 所示。

(2) 在 Parameters 卷展栏中,将 length Segs(长度分段数)和 Width Segs(宽度分段数)参数均设置为 40,使得旗面飘动时更为平滑。

(3) 在工具栏上右击,从弹出的快捷菜单中选择 MassFX Toolbar 命令。

(4) 在创建命令面板中单击 几何体按钮,进入基本对象创建命令面板,在标准几何体创建类型中单击 Cylinder(圆柱体)按钮,在场景中单击并拖动鼠标创建旗撑杆,如图 6-53 所示。

(5) 在动画场景中选择旗台和旗杆后,在 MassFX Toolbar 工具栏中单击 设置选定项为静态刚体按钮,将选择的对象作为静态的刚体,如图 6-54 所示。

(6) 选择作为旗帜的平面对象,单击 MassFX Toolbar 工具栏中的 设置选定对象为 mcloth 对象,将选定对象设置为 mcloth 对象,如图 6-55 所示。

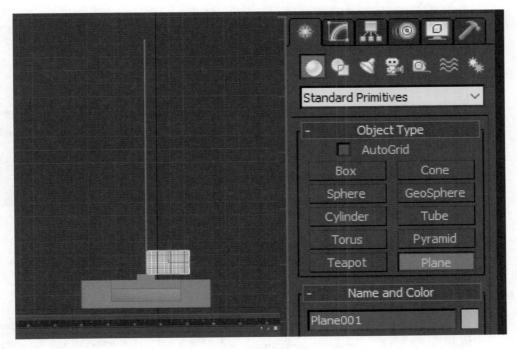

图 6-52 创建平面对象

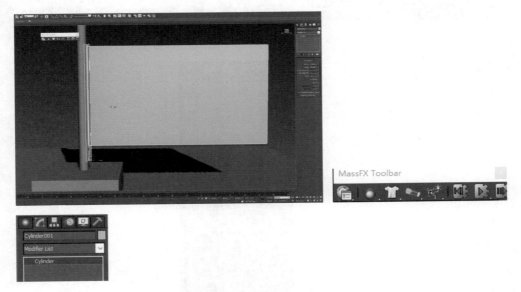

图 6-53 创建圆柱体旗杆

（7）确认平面对象处于选取状态，在修改编辑命令面板的堆栈中选择 mCloth 的 Vertex 节点次级结构编辑层级，如图 6-56 所示。

（8）在场景中拖动鼠标框选旗帜左侧边上的所有节点，如图 6-57 所示。

（9）在右侧的修改编辑命令面板中，单击 Group（组）卷展栏中的 Make Group（制作组）按钮，弹出 Make Group（制作组）窗口，指定名称后，单击 OK 按钮关闭该窗口，如图 6-58 所示。

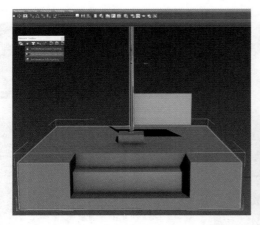

图 6-54　设置静态的刚体

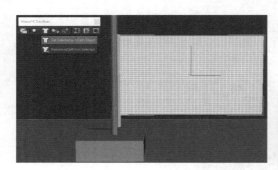

图 6-55　设置为 mcloth 对象

图 6-56　节点次级结构编辑层级

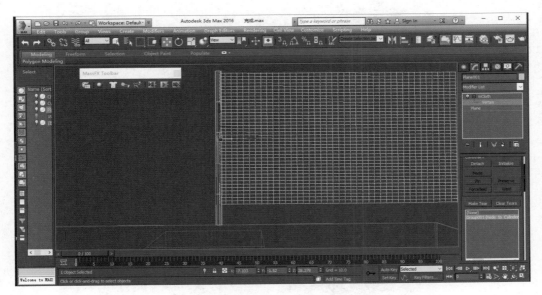

图 6-57　框选红旗左侧的所有节点

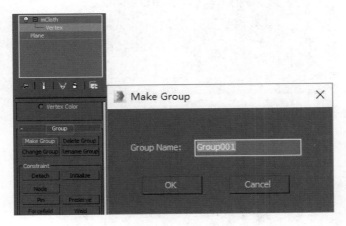

图 6-58　制作组

（10）制作组之后，在修改编辑命令面板的 Constraint（约束）项目中单击 Node（节点）按钮，然后在场景中单击旗撑杆圆柱体约束这些节点的运动，如图 6-59 所示，退出节点次级结构编辑层级。

（11）在场景中选择旗撑杆，单击界面右下角的 Auto Key（自动关键帧）按钮，然后单击 设置关键点按钮，在第 0 帧设置一个关键帧，如图 6-60 所示。

（12）把时间滑块拖动到第 300 帧，使用主工具栏中的移动工具，把旗撑杆移动到旗杆的顶部，如图 6-61 所示。

（13）在主工具栏中单击 材质编辑器按钮，在弹出的材质编辑器中为旗面指定贴图，如图 6-62 所示。

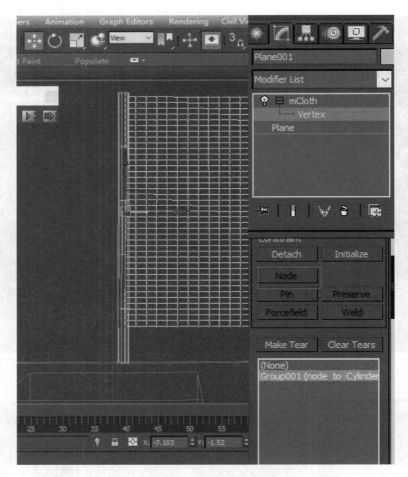

图 6-59　设置节点的约束属性

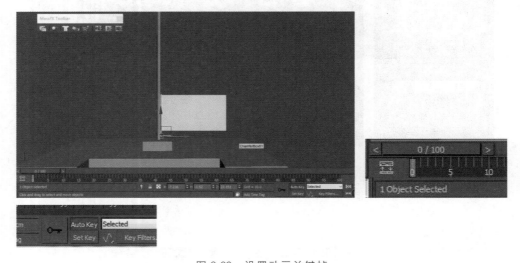

图 6-60　设置动画关键帧

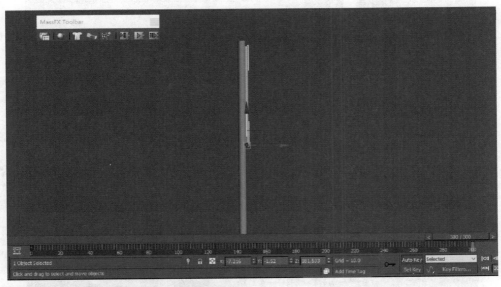

图 6-61　设置动画关键帧

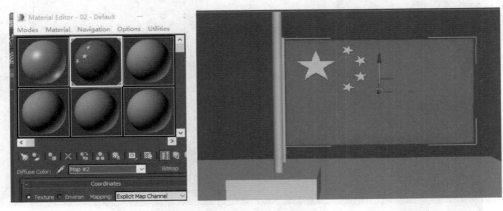

图 6-62　为旗面制定贴图

（14）在创建命令面板中单击 ≋ 空间扭曲按钮，进入空间扭曲创建命令面板，单击 Wind（风）按钮，在场景中单击并拖动鼠标创建风控制器，如图 6-63 所示。

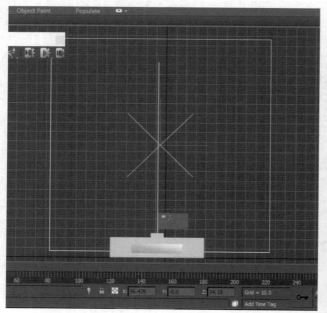

图 6-63　创建风控制器

（15）选择场景中的旗面，在修改编辑命令面板的 mCloth 层级，在 Forces（外力）卷展栏中单击 Add 按钮，然后选择场景中风的控制器，如图 6-64 所示。

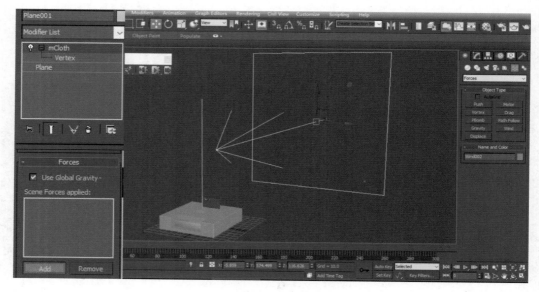

图 6-64　添加风控制器

（16）在 MassFX Toolbar 工具栏中单击 ▶ 开始模拟按钮，查看软体飘动的动力学动画效果，如图 6-65 所示。

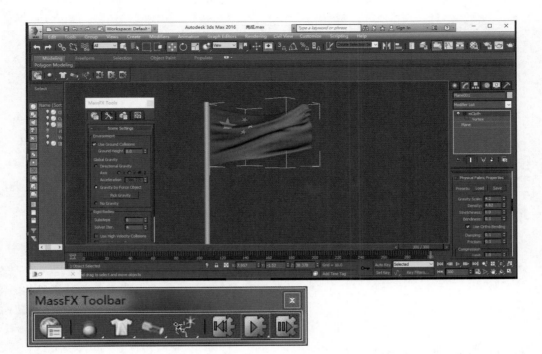

图 6-65   查看动力学动画的计算结果

习题

6-1   请概述反应器动力学的作用原理。

6-2   反应器中的约束分为几种类型？

6-3   在刚体动力学系统中，一个对象包含哪 6 个方向的运动自由度？

6-4   在反应器中，对象的几何拓扑结构是否影响软体的动画模拟结果？

第 7 章　运动捕捉

本章首先概述运动捕捉技术的发展历史，以及运动捕捉系统的几种常见类型；第二节讲述运动捕捉空间的构成；第三节详细讲述运动捕捉的过程；第四节介绍对捕捉结果进行编辑的方式；第五节通过一个角色动画的编辑实例，详细讲述如何利用运动捕捉数据驱动三维动画角色。

7.1　运动捕捉技术概述

用于动画制作的 Motion Capture(运动捕捉)技术可以追溯到 20 世纪 70 年代,迪士尼公司曾试图通过捕捉演员的动作以改进动画制作效果。当计算机技术刚开始应用于动画制作时,纽约计算机图形技术实验室的 Rebecca Allen 就设计了一种光学装置,将演员的表演姿势投射在计算机屏幕上,作为动画制作的参考。

从 20 世纪 80 年代开始,美国 Biomechanics 实验室、Simon Fraser 大学、麻省理工学院等开展了计算机人体运动捕捉的研究。此后,运动捕捉技术吸引了越来越多的研究人员和开发商的目光,并从试用性研究逐步走向了实用化。英国 Oxford Metrics Limited(OML)公司的光学运动捕捉技术在 20 世纪 70 年代服务于英国海军,从事遥感、测控技术设备的研究与生产,20 世纪 80 年代末,OML 将 Motion Capture 技术应用于影视动画制作领域,并成立英国 Vicon Motion System 公司。1988 年,SGI Silicon Graphics 公司开发了可捕捉人头部运动和表情的系统。

随着计算机软硬件技术的飞速发展和动画制作要求的提高,目前运动捕捉已经进入实用化阶段,如图 7-1 所示是在天津工业大学动画工作室进行的运动捕捉过程实验。

进入 21 世纪,随着计算机技术高速发展,视频行业对计算机动画制作的需求不断增加,用户对高效率制作计算机动画的需求变得越来越强烈。传统意义上的三维动画制作过程中,人工调整虚拟角色动作的工作方式已经成为计算机动画制作过程中的最大瓶颈,Motion Capture 技术在影视动画中的应用成为解决这一问题的最佳手段。

有多家厂商相继推出了多种商品化的运动捕捉设备,如 Vicon、Polhemus、Sega Interactive、MAC、X-Ist、FilmBox、MotionAnalysis 等,其应用领域也远远超出了表演动画,并成功地用于虚拟现实、游戏、人体工程学研究、模拟训练、生物力学研究等许多方面。

常见的运动捕捉方式可以分为:

1. 机械式运动捕捉

机械式运动捕捉依靠机械装置来跟踪和测量运动轨迹。典型的系统由多个关节和刚性连

图 7-1　运动捕捉过程实验

杆组成,在可转动的关节中装有角度传感器,可以测得关节转动角度的变化情况。装置运动时,根据角度传感器所测得的角度变化和连杆的长度,可以得出杆件末端点在空间中的位置和运动轨迹。实际上,装置上任何一点的运动轨迹都可以求出,刚性连杆也可以换成长度可变的伸缩杆,用位移传感器测量其长度的变化。

早期的一种机械式运动捕捉装置是用带角度传感器的关节和连杆构成一个可调姿态的数字模型,其形状可以模拟人体,也可以模拟其他动物或物体。使用者可根据剧情的需要调整模型的姿态,然后锁定。角度传感器测量并记录关节的转动角度,依据这些角度和模型的机械尺寸,可计算出模型的姿态,并将这些姿态数据传给动画软件,使其中的角色模型也做出一样的姿态。这是一种较早出现的运动捕捉装置,但直到现在仍有一定的市场。

机械式运动捕捉的一种应用形式是将欲捕捉的运动物体与机械结构相连,物体运动带动机械装置,从而被传感器实时记录下来。X-Ist 的 FullBodyTracker 是一种颇具代表性的机械式运动捕捉产品。

机械式运动捕捉的优点是成本低,精度较高,可以做到实时测量,还可容许多个角色同时表演。但其缺点也非常明显,主要是使用起来非常不方便,机械结构对表演者的动作阻碍和限制很大。且较难用于连续动作的实时捕捉,需要操作者不断根据剧情要求调整设备的姿势,主要用于静态造型捕捉和关键帧的确定。

2. 声学式运动捕捉

常用的声学式运动捕捉装置由发送器、接收器和处理单元组成。发送器是一个固定的超声波发生器,接收器一般由呈三角形排列的 3 个超声探头组成。通过测量声波从发送器到接收器的时间或者相位差,系统可以计算并确定接收器的位置和方向。Logitech、SAC 等公司都生产超声波运动捕捉设备。

这类装置成本较低,但对运动的捕捉有较大延迟和滞后,实时性较差,精度一般不高,声源和接收器间不能有大的遮挡物体,受噪声和多次反射等干扰较大。因为空气中声波的速度与气压、湿度、温度有关,所以在算法中必须做出相应的补偿。

3. 电磁式运动捕捉

电磁式运动捕捉系统是目前比较常用的运动捕捉设备。一般由发射源、接收传感器和数据处理单元组成。发射源在空间产生按一定时空规律分布的电磁场;接收传感器(通常有 10~20 个)安置在表演者身体的关键位置,随着表演者的动作在电磁场中运动,通过电缆或无线方式与数据处理单元相连。

表演者在电磁场内表演时,接收传感器将接收到的信号通过电缆传送给处理单元,根据这些信号可以解算出每个传感器的空间位置和方向。Polhemus 公司和 Ascension 公司均以生产电磁式运动捕捉设备而著称。目前这类系统的采样速率一般为 15~120 次/秒(依赖于模型和传感器的数量),为了消除抖动和干扰,采样速率一般在 15Hz 以下。对于一些高速运动,如拳击、篮球比赛等,该采样速率还不能满足要求。电磁式运动捕捉的优点首先在于它记录的是六维信息,即不仅能得到空间位置,还能得到方向信息,这一点对某些特殊的应用场合很有价值。其次是速度快,实时性好,表演者表演时,动画系统中的角色模型可以同时反应,便于排演、调整和修改。装置的定标比较简单,技术较成熟,成本相对低廉。

它的缺点在于对环境要求严格,在表演场地附近不能有金属物品,否则会造成电磁场畸变,影响精度。系统的允许表演范围比光学式要小,特别是电缆对表演者的活动限制比较大,对于比较剧烈的运动和表演则不适用。

4. 光学式运动捕捉

光学式运动捕捉通过对目标上特定光点的监视和跟踪来完成运动捕捉的任务。目前常见的光学式运动捕捉大多基于计算机视觉原理。从理论上说,对于空间中的一个点,只要它能同时为两部相机所见,则根据同一时刻两部相机所拍摄的图像和相机参数,可以确定这一时刻该点在空间中的位置。当相机以足够高的速率连续拍摄时,从图像序列中就可以得到该点的运动轨迹。

典型的光学式运动捕捉系统通常使用 6~8 个相机环绕表演场地排列,这些相机的视野重叠区域就是表演者的动作范围。为了便于处理,通常要求表演者穿上单色的服装,在身体的关键部位,如关节、髋部、肘、腕等位置贴上一些特制的标志或发光点,称为 Marker,视觉系统将识别和处理这些标志,如图 7-2 所示。系统定标后,相机连续拍摄表演者的动作,并将图像序列保

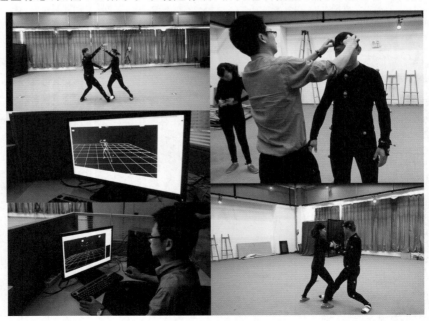

图 7-2 光学式运动捕捉系统

存下来，然后再进行分析和处理，识别其中的标志点，并计算其在每一瞬间的空间位置，进而得到其运动轨迹。为了得到准确的运动轨迹，相机应有较高的拍摄速率，一般要达到 60 帧/秒以上。

如果在表演者的脸部表情关键点贴上 Marker，则可以实现表情捕捉，如图 7-3 所示，目前大部分表情捕捉都采用光学式。

图 7-3　捕捉角色的表情

有些光学运动捕捉系统不依靠 Marker 作为识别标志，例如根据目标的侧影来提取其运动信息，或者利用有网格的背景简化处理过程等。目前研究人员正在研究不依靠 Marker，而是应用图像识别、分析技术，由视觉系统直接识别表演者身体关键部位并测量其运动轨迹的技术，估计将很快投入使用。

光学式运动捕捉的优点是表演者活动范围大，无电缆、机械装置的限制，表演者可以自由地表演，使用很方便。其采样速率较高，可以满足多数高速运动测量的需要。Marker 的价格便宜，便于扩充。

这种方法的缺点是系统价格昂贵，虽然它可以捕捉实时运动，但后期处理(包括 Marker 的识别、跟踪、空间坐标的计算)的工作量较大，对于表演场地的光照、反射情况有一定的要求，装置定标也较为烦琐。特别是当运动复杂时，不同部位的 Marker 有可能发生混淆或遮挡，产生错误结果，这时需要人工后期数据处理。

7.2　运动捕捉空间

本节将以天津工业大学动画工作室为例，介绍运动捕捉实验空间的构成。该工作室采用英国 Vicon 的光学运动捕捉系统，配备了 16 个镜头，设备构成如图 7-4 所示。

运动捕捉面积为 200m^2，层高 8m，如图 7-5 所示。

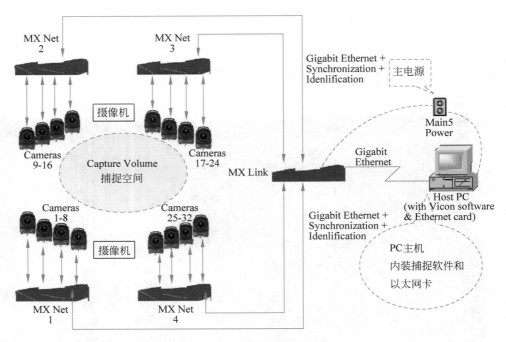

图 7-4　运动捕捉的设备构成

图 7-5　运动捕捉空间

　　其中 8 个镜头可以拆卸下来,固定在三脚架上用于捕捉角色面部表情的动画,如图 7-6 所示。

　　为了便于演员的特技表演,动画工作室还专门配备了影视特技吊挂系统,如图 7-7 所示,以及海绵垫、弹床、道具配件等。

　　在进行运动捕捉之前首先要对捕捉场地进行空间校准,打开运动捕捉控制系统软件 ViconIQ,系统扫描到 16 个捕捉镜头,确认每个镜头都处于良好的工作状态,如图 7-8 所示。

图 7-6　捕捉面部表情的场地

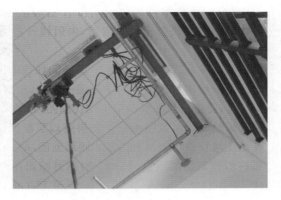

图 7-7　影视特技吊挂系统

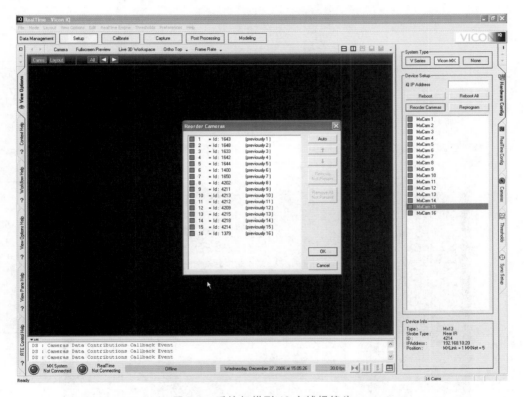

图 7-8　系统扫描到 16 个捕捉镜头

　　分别对每个镜头的拍摄角度、焦距、光圈进行调整,如图 7-9 所示。

　　然后在系统软件 ViconIQ 中通过调整参数设置项目,保证在每个摄像头中都能清晰拍摄到 Marker 点,如图 7-10 所示。

　　在系统软件 ViconIQ 的 Calibrate Cameras(校准镜头)项目中选择校准棒的型号,单击 Start Wand Wave(开始挥动校准棒)按钮,在运动捕捉空间中不断挥舞校准棒,扫描出捕捉场的范围, 如图 7-11 所示。

　　再在捕捉场中放置水平校准仪,在 Set Volume Origin And Axes(设置捕捉区方向和轴向)项目中单击 Track L-Frame 按钮,等 5s 左右再单击右边的 set origin 按钮,场地校正才进行完毕,这

图 7-9　调整镜头的拍摄角度、焦距、光圈

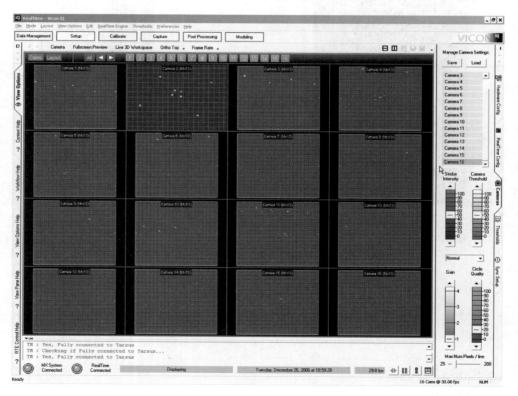

图 7-10　调校镜头

图 7-11　扫描出捕捉场的范围

时就可以在三维虚拟空间中确定地面位置、坐标原点位置、坐标轴向，所有的镜头都指向中心捕捉区，如图 7-12 所示。

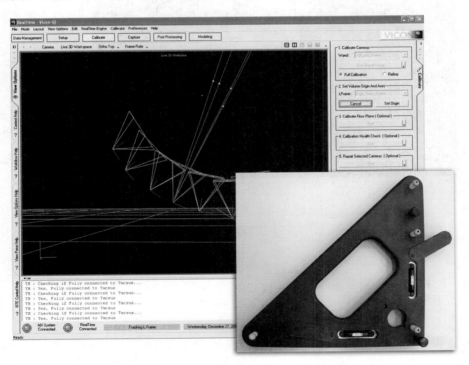

图 7-12　对捕捉场进行水平、方位校准

7.3　运动捕捉过程

运动捕捉系统是一种用于准确测量运动物体在三维空间运动状况的高技术设备。它基于计算机图形学原理，通过排布在空间中的数个视频捕捉设备将运动物体(跟踪器)的运动状况以图像的形式记录下来，然后使用计算机对该图像数据进行处理，得到不同时间计量单位上不同物体(跟踪器)的空间坐标(X,Y,Z)。当数据被计算机识别后，动画师就可以在计算机产生的镜头中调整和控制运动的物体。

在捕捉之前要首先确定捕捉点分布的模板，基于不同的捕捉精度、数据用途、三维动画软件的类型，可以选择不同的模板，模板中捕捉点的分布就是要在演员身上粘贴捕捉点的位置，如图 7-13 所示。

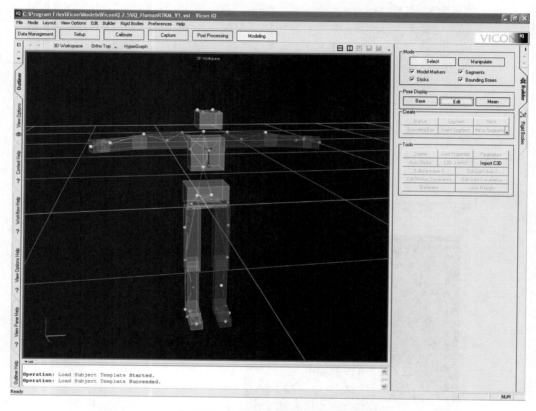

图 7-13　选择运动捕捉的角色模板

捕捉点一般分布在角色肢体的关节位置附近，捕捉点的作用主要体现在：标定关节的位置、标定肢体的体积、标定肢体的前后或左右，如图 7-14 所示。

依据模板将光学捕捉点粘贴在身体的相应部位，而且捕捉对象不只限于人，可以广泛应用于所有运动物体和动物的运动捕捉。

在正式捕捉之前，演员还要做一组预备动作，活动身体的每一个部分，依据预备动作和肢体模板，创建该演员的个性化模板文件，以后所有捕捉到的动作都基于这套个性化模板。

利用光学动作捕捉系统，表演者负责根据剧情做出各种动作和表情，如图 7-15 所示，动作捕

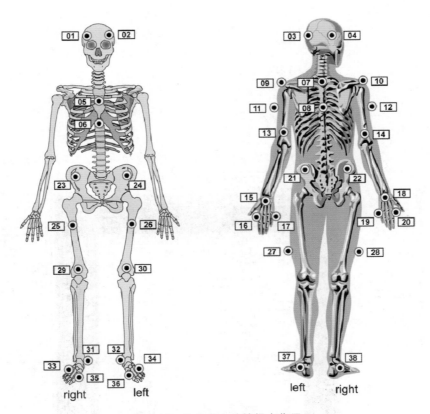

图 7-14 角色身上的捕捉点位置

图 7-15 演员在捕捉之前的 T 姿态

捉系统将这些动作和表情捕捉并记录下来,然后通过动画软件,用这些动作和表情驱动三维角色模型,角色模型就能做出与表演者一样的动作和表情,并生成最终所见的动画序列。动作捕捉的任务是检测、记录表演者的肢体在三维空间的运动轨迹,捕捉表演者的动作,并将其转化为数字化的"抽象运动"。运动捕捉的对象不仅仅是表演者的动作,还可以包括物体的运动、表演者的表情、相机及灯光的运动等。

到目前为止镜头捕捉到的还是一些图像文件,单击 Reconstruction(重建)选项卡,如图 7-16 所示进行重建的参数设置。

图 7-16　设置重建参数

最后单击 Run(运行)按钮,根据演员的个性化模板和捕捉到的图像数据,创建生成在三维虚拟空间中实际的角色动作。

如果同时捕捉多个角色的动作,或者角色动作中包含摔倒或滚动等动作,有一些捕捉点就可能被遮挡,会造成捕捉数据中捕捉点丢失等错误。优秀的运动捕捉系统软件都包含对运动捕捉数据修复的功能,可以依据角色模板中捕捉点之间相对的空间位置关系,修正运动数据,自动解算出丢失捕捉点的位置,如图 7-17 所示。

专业运动捕捉工程师的主要任务就是把握运动捕捉的每一个流程,通晓每一个流程中容易出现的错误,以及如何提前避免这些错误,在错误发生后如何进行处理。

最后一定要切记,在运动捕捉过程中的灵魂人物是导演和演员。

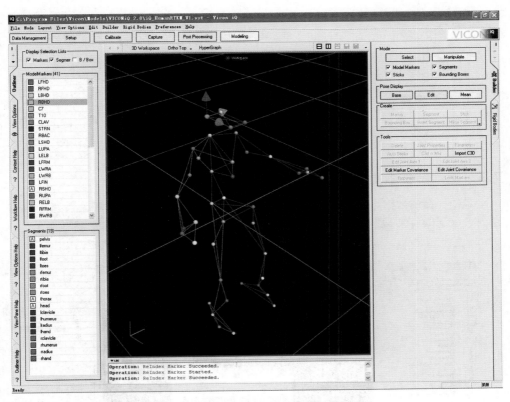

图 7-17 捕捉点之间相对的空间位置关系

7.4 捕捉结果编辑

运动捕捉过程可以将演员的动作完全解析为三维虚拟空间中的动作,动作看起来完全真实,十分生动自然。但在某些情况下,完全逼真的动作往往掩盖了动画区别于实拍影视的夸张和变形的独特性,在动画中角色的动作可以超出正常人的运动阈限,甚至骨骼也可以被自由拉伸、压缩和变形。

一些软件可以对运动捕捉的数据进行重新编辑,创建更具动画表现力的动作,常见的运动数据编辑包括:

1.动作调节

允许对身体的一些角度进行处理。例如捕捉一个跑步的人,通常摆动的上臂与上身是平行的。如果这个动作由一个胸部异常宽大的角色来完成,它的上臂则会陷入上身。"动作调节"则允许调整角色肘部的运动,使其离开身体。全过程就像肘靠近胸一样逐渐张开。

2.混合

混合功能允许在插入和组合轨迹的过程中进行平滑的过渡。例如,一个行走文件能通过逼真过渡被混合成一个奔跑文件。

3.回放

回放功能允许多次混合,使之成为一个长而有序的文件,并进行重复播放。例如,一个单一的步伐循环能被混合并生成一个不停行走的文件。

4．常量偏移

角色的旋转、定位和定时能够在整体和局部上用多种方法进行改变。例如：一个角色向北走能被旋转为向南走；一个角色可以由所给时间及指令任意调整其所在时间；若干角色可以通过对其动作的独立和同时的调整而相互作用；两个角色能够迎面走来并摆动双手。

5．瞬时偏移

由于使用平滑过渡的弯曲，一个角色能够在刹那间转变成为一个小范围的画面。例如，一个角色能够躲在门底下，或者从一个很高的书架上而不是一个矮书架上拿下一本书。

7.5　运动捕捉数据驱动

运动捕捉的数据可以输出为不同的格式，方便地被大多数三维动画软件调用，如图 7-18 所示，在 ViconIQ 中可以将运动数据输出为 CSM 文件格式，该格式的运动数据可以被 Character Studio 直接调用。

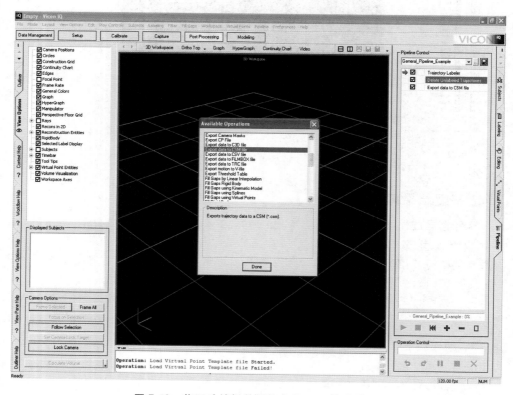

图 7-18　将运动捕捉数据输出为 CSM 文件格式

例如在 3ds Max 2016 中创建一个动画角色的骨骼，并编辑该骨骼的形态使其与动画角色相匹配，如图 7-19 所示。

在动画场景中合并一个机器人的动画角色，如图 7-20 所示。

依据第 5 章角色肢体动画讲述的操作步骤，对动画角色模型和 CS 骨骼进行蒙皮编辑，如图 7-21 所示。

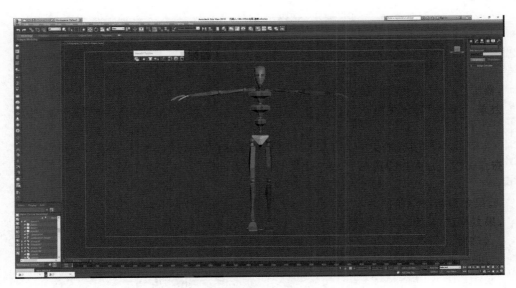

图 7-19　创建并编辑 CS 骨骼

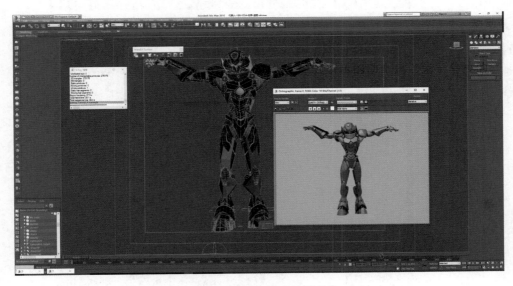

图 7-20　合并机器人动画角色

单击 运动选项卡,进入运动命令面板,在 Motion capture(运动捕捉)卷展栏中单击 加载运动捕捉文件按钮,弹出如图 7-22 所示的"打开"窗口,在其中选择刚刚输出的 CSM 文件。

在"打开"窗口中单击"打开"按钮,弹出如图 7-23 所示的 Motion Capture Conversion Parameters(运动捕捉转换参数)窗口,在其中可以对 Key Reduction Settings(关键帧精简设置)、Footstep Extraction(足迹提取)、Limb Orientation(肢体方位)等参数项目进行设置。

在 Motion Capture Conversion Parameters 窗口中单击 OK 按钮,开始输入运动捕捉的 CSM 数据,如图 7-24 所示。

输入结束后,拖动时间滑块可以观察到机器人被赋予了演员的动作,最终的动画效果如图 7-25 所示。

图 7-21　对动画角色模型和 CS 骨骼进行蒙皮编辑

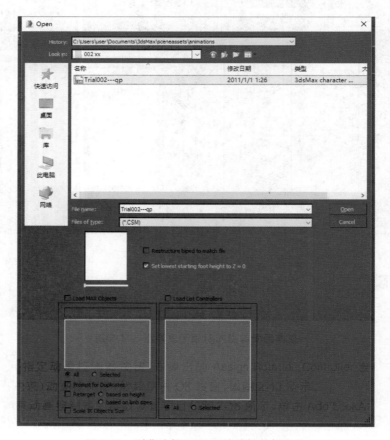

图 7-22　浏览选择 CSM 运动捕捉数据文件

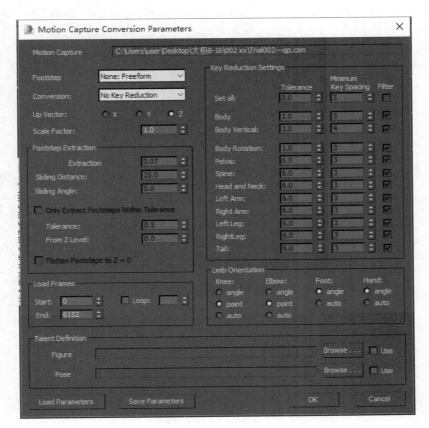

图 7-23 设置运动捕捉转换参数

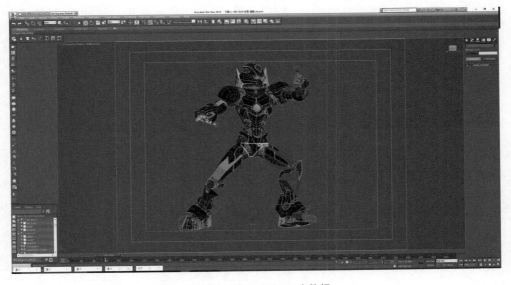

图 7-24 输入 CSN 运动数据

图 7-25　最终渲染效果

习题

7-1　请概述运动捕捉的作用原理。

7-2　常见的运动捕捉方式可以分为哪几种类型？

7-3　在捕捉场中放置水平校准仪有哪些作用？

7-4　在演员身上放置捕捉点应当依据什么规律？

7-5　在 ViconIQ 中可以将运动数据输出为什么文件格式？该格式的运动数据可以被 Character Studio 直接调用吗？